高等院校土建类创新规划教材　建筑学系列

建筑构成

王琬　李磊　刘峻岩　编著

清华大学出版社

北 京

内容简介

本书是在长期教学中基于河北建筑工程学院校级教研项目《"三大构成"课程教学改革的探索》的基础上总结完成的。

本书有针对性地基于学生的角度,讨论了关于建筑构成内容的学习。首先,本书论述了构成的产生、发展和应用维度,以及构成与人居环境的关系,使读者对此有宏观上的认识;其次,基于不同空间的构成形式,从平面构成、色彩构成、立体构成的角度,逐个章节对构成的概念、要素、形式等进行阐述,使读者清晰地理解构成包括的主要视觉表达;再次,着重讨论了建筑构成的原则、方法以及审美与心理、空间组合方式等,有利于加深读者对建筑构成的认识与理解;最后,解析了构成在项目实例中的应用以及建筑构成的调研方法,希望在详细讲解下引导读者掌握正确的理性思维方法,以此提高造型能力和创造思维能力。

图书在版编目 (CIP) 数据

建筑构成 / 王琬,李磊,刘峻岩编著 . —北京:清华大学出版社,2019(2025.1 重印)
(高等院校土建类创新规划教材 建筑学系列)
ISBN 978-7-302-50637-9

Ⅰ.①建… Ⅱ.①王… ②李… ③刘… Ⅲ.①建筑设计—高等学校—教材
Ⅳ.① TU2

中国版本图书馆 CIP 数据核字 (2019) 第 006112 号

责任编辑: 桑任松
装帧设计: 杨玉兰
责任校对: 张文青
责任印制: 刘海龙

出版发行: 清华大学出版社
        网 址: https://www.tup.com.cn, https://www.wqxuetang.com
        地 址: 北京清华大学学研大厦 A 座   **邮 编:** 100084
        社总机: 010-83470000   **邮 购:** 010-62786544
        投稿与读者服务: 010-62776969, c-service@tup.tsinghua.edu.cn
        质量反馈: 010-62772015, zhiliang@tup.tsinghua.edu.cn
        课件下载: https://www.tup.com.cn,010-62791865
印 装 者: 三河市龙大印装有限公司
经 销: 全国新华书店
开 本: 185mm×260mm   **印 张:** 14   **字 数:** 340 千字
版 次: 2019 年 4 月第 1 版   **印 次:** 2025 年 1 月第 8 次印刷
定 价: 49.00 元

产品编号:071718-01

前言 · PREFACE

　　中国的现代设计教育借鉴了许多西方设计课程的教学方法，但与西方现代艺术设计教育相比，我国现代艺术设计教学方法较为单一，始终把构成的表现形式固定在一个有限的、统一的模式中，其内容与专业衔接不够紧密，不根据专业特色或专业侧重点区别学习内容和训练方法，使得学生不能认识到构成在专业中的重要性，在创作过程中不能独立思考。本书就是针对性地基于学生的角度，讨论了关于建筑构成内容的学习。

　　首先，本书论述了构成的产生、发展和应用维度，以及构成与人居环境的关系，使读者对此有宏观上的认识；其次，基于不同空间的构成形式，从平面构成、色彩构成、立体构成的角度，逐个章节对构成的概念、要素、形式等进行阐述，使读者清晰地理解构成包括的主要视觉表达；再次，着重讨论了建筑构成的原则、方法以及审美与心理、空间组合方式等，有利于加深读者对建筑构成的认识与理解；最后，解析了构成在项目实例中的应用以及建筑构成的调研方法，希望在详细讲解下引导读者掌握正确的理性思维方法，以此提高造型能力和创造思维能力。

本书共十一章，由河北建筑工程学院建筑与艺术学院的王琬、李磊、刘峻岩共同撰写，吴晗、李玮奇、王月、杨程程、王越、田鑫、徐明阳、张亚玲参与编写。

本书是在长期教学中基于河北建筑工程学院校级教研项目《"三大构成"课程教学改革的探索》的基础上总结完成的。本书在撰写过程中，参考了众多专家与学者的成果，未能一一注明，在此表示感谢。由于笔者水平有限，疏漏和欠妥之处在所难免，恳请广大读者批评指正。

编　者

目 录

第一章

构成概述

COMPOSITION
OF BUILDINGS

【 学习要点及目标 】…………

- 了解构成的产生与发展；
- 了解构成的应用维度；
- 理解构成与人居环境科学的关系，熟知学习建筑构成的必要性。

【 本章导读 】…………

　　构成是一种造型概念，也是现代造型设计用语。构成从形式上可分为平面构成（Plane Formation）、立体构成（Three Dimensional Composition）、色彩构成（Color Formation）、光构成（Ray Formation）等。形态构成作为建筑专业、风景园林专业、城乡规划专业、环境设计专业的必修课，理应得到业界足够的重视。如果能将形态构成学的精华运用得当，便可设计出符合大众审美要求的优秀作品。

　　人居环境科学类设计的重要任务之一，就是运用构成的原理和方法，将各造型要素组织起来，使它们满足功能要求，创造出美的形式。形态构成作为基础课程被普遍开设，并被扩展到建筑设计、风景园林设计、城乡规划设计、平面设计、装潢设计、环境艺术设计等诸多领域，从而得到广泛应用。

第一节　构成的产生和发展

一、构成的含义

构成，是一个近现代的设计用语，简要说就是一种美的、和谐的结构关系的视觉组成形式，是按照一定的秩序与法则，将诸多造型要素组合成一种新关系的视觉形态。

它是一种造型的概念，含有组合和形式的意思；是创造形态的方法，研究如何创造形象、形与形之间怎样组合，以及形象排列，可以说是一种研究形象构成的科学，其特点是纯粹性。

1.构成与设计

"构成"可以理解为将多个单一形体，按照一定原则重组，形成新的单元。构成排除作品中的任何叙事性表达和表象的描绘，将对象解构、分解、还原为纯粹形体或几何图形，然后按照视觉规律、力学原理、心理特征、审美法则等内在逻辑和解构关系，重组为具有秩序感、形式感的新的视觉形态。

现代设计理念对形态构成尤为重视，构成不仅能够有效传达现代设计理念，还能将设计师的观念和思维表达得更为清晰明了。因此，构成在设计的很多领域被广泛应用。

现代设计开始于工业革命以后。构成属于现代设计的范畴，来源于俄国的构成主义运动，并随着与现代设计的融合逐步形成了自身的含义和内容。

2.现代设计和构成产生的主要社会背景

（1）新的生产方式。大机器生产代替了传统的手工劳作，批量生产的产品需要新的形式取代手工业时代的以装饰美为主的形式。

（2）新的生活方式。中产阶级的大量涌现和消费社会的形成，使得商品不仅被要求实用，还要成为生活品质的载体，大量的生产还需要各种形式的产品宣传和广告。

（3）新的媒介技术。摄影、印刷、多媒体等各种媒介的技术进步，增强了设计的表现力和传播功能，现代设计越来越形式多样。

二、从萌芽到构成设计

构成的认识源于自然科学和哲学的发展。20 世纪建立在最新发展的量子力学基础之上的微观认识论，使人们更为关注事物内部的结构，这种由宏观认识到微观认识的深化，也影响了造型艺术的发展。

构成观念早在西方绘画中就崭露头角，后来在德国包豪斯设计学院得到不断完善，形成了一个完整的现代设计基础训练的教学体系，这也奠定了构成设计观念在现代设计训练及应用中的地位和作用。

20 世纪 70 年代以来，平构作为设计基础，已广泛应用于工业设计、建筑设计、平面设计、时装设计、舞台设计、视觉传达等领域。

1. 构成观念的萌芽

19 世纪后期，后印象主义代表人物塞尚是第一个将现代主义艺术从具象带往抽象形式的画家。他把自然还原为对圆柱、圆锥和球体这三种基本形状的认识，影响了立体派的诞生，从而促成了抽象艺术的发展，成为西方现代形式主义主流艺术的鼻祖，被尊为"现代艺术之父"。他笔下的景物描绘都很简约，并富于几何意味。

此后，抽象艺术的发展也使艺术从对自然的摹写中解放出来，造型语言彻底独立了，色彩、线条和量块有了自己的性格，而不必靠它们所描述的物体与观者交流了。在这样非具象的纯粹视觉形式下，出现了立体主义、抽象主义、荷兰风格派、极少主义等流派，构成观念显露端倪（如图 1-1 至图 1-4）。

▼ 1-1

▼ 1-2

图 1-1 《圣维克图瓦山的松树》，塞尚
图 1-2 《亚威农少女》，毕加索

图 1-3　《三个女子》，莱热
图 1-4　马列维奇的至上主义作品

2. 构成主义的发展

构成主义，又名结构主义，兴起于 1917 年俄国革命之后，持续到 1922 年左右。大环境为信奉文化革命和进步观念的构成主义在艺术、建筑学和设计领域提供了实践机会，目的是将艺术家改造为"设计师"。俄国构成主义者高举反传统艺术的立场，取材于现成物。他们的目标是通过结合不同的元素，以构筑新的现实。传统的艺术概念必须被抛弃，取而代之的是大量生产和工业，这与新社会和新政治秩序是密不可分的。特别在造型领域，"构成"原则被广泛利用，人们将形态分为各种要素，然后去研究这些要素及它们之间的关系，按照一定的形式美的构成原则进行组合。代表的艺术家有李西斯基、塔特林、瑙姆·嘉博等（如图 1-5 至图 1-9 ）。

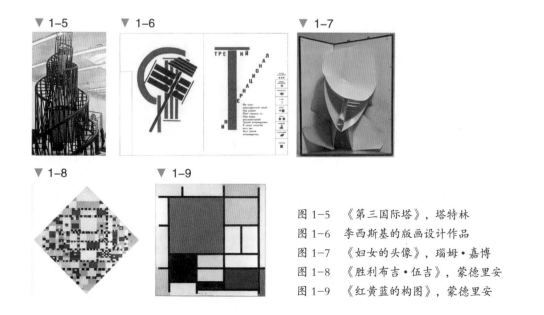

图 1-5　《第三国际塔》，塔特林
图 1-6　李西斯基的版画设计作品
图 1-7　《妇女的头像》，瑙姆·嘉博
图 1-8　《胜利布吉·伍吉》，蒙德里安
图 1-9　《红黄蓝的构图》，蒙德里安

3. 构成主义的确立与包豪斯的关系

包豪斯确立了构成在设计教育中的地位。它成立于 1919 年，是世界上第一所设计学院，也是现代设计教育的摇篮，还是欧洲现代主义艺术的核心阵营，它所提倡的艺术理念和设计风格对 20 世纪乃至今天的设计产生了不可磨灭的影响。

包豪斯的设计教育观念是：艺术与技术相统一；视觉敏感性达到理性水平；动手能力与理论素养并重；对材料、结构、肌理、色彩有科学的技术的理解；集体工作是设计的核心；艺术家、企业家、技术人员应该紧密合作；设计的目的是人，而不是产品，学生作业和企业项目密切结合；设计必须遵循自然和客观原则来进行（如图 1-10 至图 1-12）。

包豪斯通过搭建教学体系的架构，将构成确立为包豪斯基础课体系中的重要科目。同时，匈牙利构成艺术家纳吉将构成主义的要素带进了基础训练，强调形式和色彩的客观分析，注重点线面的关系。通过实践，使学生了解如何客观地分析两度空间的构成，并进而推广到三度空间的构成上。这些都为设计教育奠定了三大构成基础，也意味着设计开始从装饰主义转向理性主义。包豪斯的教师伊顿、克利、康定斯基等既是现代艺术的领袖，也是其教学体系特别是基础教程的创新实践者。对构成的研究，虽然有严格的理论，也强调与实践的结合，这正是包豪斯基础课的特点。在包豪斯之后，设计界将"构成"纳入设计研究和教学体系，视其为现代设计思维与手段培养的途径和美学判断依据。

（1）包豪斯（Bauhaus）的名称释义：英文译名为"State Building Institute"；中文解释是"bau"为建筑，"haus"为房子。"Bauhaus"（房屋建筑）这个词是格罗皮乌斯创造出来的，"包豪斯"是其音译。

（2）包豪斯产生的历史背景：20 世纪工业革命不可逆转的进程，使得传统手工生产方式迅速丧失了其在制造业中不可动摇的统治地位，取而代之的是大规模的机械化生产方式。机械化生产的产品虽然生产效率高，但和原来的手工产品相比，其弊端是粗制滥造、产品审美标准低下。这个时期，大工业艺术与技术对峙的矛盾十分突出。

▼ 1-10　　　▼ 1-11　　　▼ 1-12

图 1-10　巴塞罗那椅，密斯·凡·德·罗
图 1-11　扶手椅，密斯·凡·德·罗
图 1-12　巴塞罗那椅，密斯·凡·德·罗

（3）包豪斯的三个发展阶段。第一阶段是魏玛时期（1919—1925）。格罗皮乌斯任校长，提出"艺术与技术的新统一"的崇高理想，肩负起训练 20 世纪设计家和建筑师的神圣使命。他广招贤能，聘任艺术家与手工匠师授课，形成艺术教育与手工制作相结合的新型教育制度。第二阶段是德绍时期（1925—1932）。1928 年格罗皮乌斯辞去包豪斯校长职务，由建筑系主任汉内斯·迈耶继任。这位共产党员建筑师将包豪斯的艺术激进扩大到政治激进，使包豪斯面临着越来越大的政治压力，最后迈耶本人也不得不于 1930 年辞职，由密斯·凡·德·罗继任校长。第三阶段是柏林时期（1932—1933）。密斯·凡·德·罗将学校迁至柏林的一座废弃的办公楼中试图重整旗鼓，由于包豪斯精神为德国纳粹所不容，于 1933 年 8 月被宣布永久关闭，同年 11 月被封闭，结束了其 14 年的发展历程。

（4）包豪斯的教育体系。包豪斯的教育体系是一种"教学—研究—学习"于一体的现代教育体系。在包豪斯的教学体系中，基础课程和工艺技术课程成为包豪斯的两大支柱，其中基础教学（初步课程部分）是非常有特点的一个部分。课程将图形、色彩、材料等元素作为研究对象，让学生对这些元素的构成进行理性分析与实验，培养学生多角度认识对象、表现对象的能力。在修完初步课程后，才能进入下一步的训练。只有初步课程以试验的形式出现，其目的在于将学生内心沉睡的潜能都激发出来。初步课程最早的执教人为约翰·伊顿，后来克利和康定斯基、拉兹洛·莫霍利·纳吉、艾尔伯斯先后加入了这门课程的教学中。在伊顿的"初步课程"中，有两个练习非常重要：第一要求学生对各类质感、图形、颜色与色调进行逐一练习，既有平面的练习，也有立体的练习；第二要求学生用韵律线来分析艺术作品，目的是让学生把握原作品的内在精神与表现内容。康定斯基在伊顿课程的基础上，进一步发展了色彩与图形理论的研究和教学。而莫霍利和艾尔伯斯则侧重让学生了解基本的体积空间、结构、绘画技术和材料，并教他们理性地运用它们，鼓励学生接受新技术和新手段。这些基础课程的内容也被我国艺术类大专院校所吸收，今天我们能在各种基础课的内容中看到许多当年包豪斯教学实验的影子。可以说，当年包豪斯的初步课程是我们今天构成基础的雏形，包豪斯的师生们经过初步课程、工艺课程等一系列实验探索后，做出了大批功能至上、造型简约、带有几何风格的设计作品（如图 1-13 至图 1-16）。

（5）包豪斯对现代设计的影响。包豪斯的设计思想为现代设计思想的拓展和完善提供了可遵循的依据和准则，使现代设计思想更趋于系统化、规范化。包豪斯所提供的功能化的设计原则，使现代设计对产品功能的物质载体重新加以探索，有效地利用载体，使载体

▼ 1-13

▼ 1-14

▼ 1-15

▼ 1-16

图 1-13　新造型主义设计，蒙德里安
图 1-14　兆维工业园
图 1-15　包豪斯校舍，格罗皮乌斯
图 1-16　报亭设计，赫伯特·拜耶

多功能化，对材料、造型、使用环境等诸多要素也进行了更深入的研究。如今，人类已经进入 21 世纪，现代设计如雨后春笋，呈现出突飞猛进的态势，渗入到与人们息息相关的生产、生活的各个领域，并且跨越众多学科门类和体系。包豪斯的发展是坎坷的、短暂的，但其影响在世界范围内是巨大的。我们在吸收包豪斯的设计理论和教育思想的同时，应该结合现实中具体的问题，将科学探索精神及现代审美意思与本民族传统文化有机结合起来，更好地促进现代设计的发展。

4. 现代构成与建筑造型设计

形态构成是使用各种基本材料，将构成要素按照美的形式法则组成新的造型的过程。它是各种设计造型的基础之一，可锻炼设计者对立体形象的想象力和直接判断力；可为建筑造型设计提供多种构思方法；可为构思方案服务，也可为设计者积累形象资料，提高造型能力，使建筑形态的视觉表达更为完善。

建筑造型设计是在形态构成的基础上，加上实用、经济、美观、文化、技术等功能要求的设计活动。它是通过点、线、面、体、空间呈现其艺术美感和精神功能的。它将形态和空间概念的知识与操作技能同步进行，以形态自身语言和构成方式对建筑空间进行思

▼ 1-17　　▼ 1-18　　▼ 1-19

图 1-17　荷兰乌德勒支施罗德住宅，里特维尔德
图 1-18　荷兰乌德勒支施罗德住宅（室内），里特维尔德
图 1-19　法国拉维莱特公园，伯纳德·屈米

考和创作，并通过确定各个要素的形态与布局，将它们在三维空间中进行组合，从而创造出一个整体。

从构成的角度审视，现代建筑的基本倾向是几何抽象性，它除去了传统建筑琐碎的装饰，抛弃了僵化的教条，也拒绝了附着其上的文化、历史等外在含义。同时，它早就抛弃了墙体、柱、窗等作为建筑元素的含义，而完全代之以构成的概念。这里只有作为形式元素的点、线、面、体，建筑就只是这些元素的合理拼合构成（如图 1-17 至图 1-19）。

现代建筑构成手法丰富了建筑形态的视野与领域，无论对外部形态的动态处理，还是对建筑内部的认识与重构，都揭开了形态创作的新篇章。

第二节　构成的应用维度

一、平面构成的应用维度

1. 建筑立面设计

形态构成能够为建筑造型设计提供多种构思方法，使建筑形态的视觉表达更为完善（如图 1-20）。设计者能够熟练操作平面和空间形态的能力是提升造型设计的必要手段，也是应具备的基本素质。构成中的形态要素，以及平面构成中的形式法则，如重复、渐变等，都能够为方案设计提供很多构思方法。

图 1-20 建筑的形态构成表现

2. 风景园林平面设计

平面构成是一种视觉形象的构成。平面构成在现代景观设计中的应用，主要是研究如何利用平面构成的基本内容来设计要素形象，利用构成法则来布置景观平面。从平面构成的美学角度去理解园林景观设计，其理论有利于园林景观的设计、组织。

平面构成理论中的点、线、面是抽象造型的基础，这些抽象元素都可以在园林景观设计中找到原型。平面构成的各种基本形式，如重复、渐变、肌理等，在园林景观设计中的基本应用，可以拓展设计者的设计思路，激发其创作灵感，对园林景观的组织安排有着积极的作用，可以丰富园林景观的效果，对园林景观设计具有指导性意义（如图1-21）。

图 1-21 平面构成在景观设计中的应用

3. 装潢设计

平面构成是室内环境设计的一个非常重要的组成部分，同时也是艺术设计领域的基础学科和艺术根源。其基本构成元素点、线、面不仅是构成平面的基本元素，也是构成室内环境设计的基本元素，所以在进行室内环境设计时，应当研究和探索设计二维空间的平面构成，巧妙地把平面构成的基本原理运用在室内环境设计中，使点、线、面三元素在平面与室内空间中得到充分运用，这样才能设计出和谐统一的室内空间（如图1-22至图1-23）。

▼ 1-22

▼ 1-23

图 1-22　平面构成在室内设计中的应用
图 1-23　平面构成在室内装饰中的应用

4. 标志设计

平面构成的基本形式作为标志设计的有效手段，在实际的设计过程中得到了广泛应用，它以一定的基本形式进行重复、渐变等形式上的变化，从而创造出一种新的、富有视觉冲击力的艺术形式，为标志提供了更广阔、更丰富的设计空间（如图1-24）。

日本西友百货公司
花瓣与"SEIYU"单词的完美结合，正负形运用巧妙使图形生动自然、体现了公司的勃勃生气。

图 1-24　平面构成在标志设计中的应用

5. 书籍装帧设计

在书籍装帧艺术中，用于封面装饰的平面构成手段风格各异、形式多样。点、线、面、色彩成为书籍设计最基本的构成要素，它们有着各自的形态，在遵循形式美法则的基础下发挥着个性，成为书籍设计者研究的主要内容（如图 1-25）。

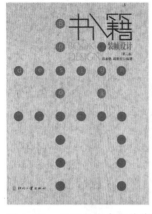

图 1-25　平面构成在书籍装帧中的应用

二、立体构成的应用维度

1. 建筑造型设计

在建筑设计中，立体构成的原理和法则被广泛应用。建筑的结构形式和立体构成中的形体组合构成是相同的，那些立体构成中的组合原理规律和方法都可以在建筑设计中被运用。

建筑设计是对空间进行研究和运用的艺术形式。空间问题是建筑设计的本质，在空间的限定、分割、组合的构成中，同时注入文化、环境、技术、材料、功能等因素，从而产生不同的建筑设计风格和设计形式（如图 1-26 至图 1-27）。

空间以及空间的组织结构形式是建

▼ 1-26

▼ 1-27

图 1-26　上海世博会瑞士馆
图 1-27　玻璃金字塔，贝聿铭

筑设计的主要内容。建筑设计是在自然环境的心理空间中，利用建筑材料限定空间，构成一个最小的物理空间。这种物理空间被称为空间原型，并多以几何形体呈现。某种或几种几何形体通过重复、并列、叠加、相交、切割、贯穿等方法相互组织在

▼ 1-28

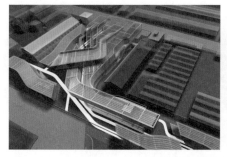

▼ 1-29

图 1-28　意大利国立 21 世纪艺术博物馆，扎哈·哈迪德
图 1-29　日本爱媛县综合科学博物馆

一起，共同塑造了建筑的形态（如图 1-28 至图 1-29）。

形态构成是使用各种基础材料，将构成要素按照美的形式法则组成新的造型的过程，旨在训练我们对立体形象的想象力和直觉判断力，是建筑造型设计的基础。

空间和形态是构成建筑的重要手段和要素，学生通过学习构成形态和空间的要素与方法，能够为建筑创作打下良好的基础，最终创造出符合形态构成规律的美的建筑形式。在建筑设计中，作为其重要内容的形体设计乃至围合空间的界面设计，都涉及形态构成的知识（如图 1-30 至图 1-31）。

▼ 1-30　　　　　　　　　　　　　　　　　　　　　　　　　　　▼ 1-31

图 1-30　苏州商业街坊
图 1-31　国家大剧院，保罗·安德鲁

立体构成在建筑设计中完美运用的案例有许多，每一座造型独特的经典建筑都是永恒的艺术品（如图 1-32 至图 1-37）。

2. 景观空间设计

现代景观设计不再是简单的挖池造山，而是对材料、造型、色彩以及整个景观范围的气候、季相、时相等要素的设计、协调和规划。立体构成对景观造型设计有着重要的促进

▼ 1-32

▼ 1-33

▼ 1-35

▼ 1-34

▼ 1-36　　　　　▼ 1-37

图 1-32　明尼苏达大学艺术博物馆，弗兰克·劳埃德·赖特

图 1-33　纽约古根海姆博物馆，弗兰克·劳埃德·赖特

图 1-34　Expo 67 住宅，摩西·萨夫迪

图 1-35　中银舱体大楼，黑川纪章

图 1-36　荷兰鹿特丹的立方体房子，皮特·布洛姆

图 1-37　西班牙毕尔巴鄂古根海姆美术馆，弗兰克·盖里

▼ 1-38

▼ 1-39

作用。通过对立体构成的挖掘和应用，景观造型设计从形式、结构、内涵等方面都获得了最直接、最丰富的灵感和源泉。下面我们来欣赏几个经典案例。

如图1-38所示，"拼合园"是马萨诸塞州剑桥市怀特海德生物化学研究所九层实验大楼的屋顶花园。设计师玛莎·舒沃兹从生物学的基因重组中得到启发，认为世界上两种截然不同的园林原型可以像基因重组创造新物质那样，将体现自然永恒美的日本庭院和展现人工几何美的法国庭院相拼合，从而形成了矛盾体景观。在日本禅宗枯山水园中，绿色水砂模仿传统枯山水大海的形式，但枯山水中的岩石和苔藓被塑料制成的黄杨球所代替；法国园部分为整形树篱园，被修剪好的绿篱实际是可供坐憩的条凳。当人们进入这样的景观中时，会是另类的体验与感受。

如图1-39所示，这个"绿屋顶"是玛莎·舒沃兹和儿子的合作项目，它是用钢架搭成一个旋风状的屋顶花园。如图1-40所示，"警世传说"则是她参加冰岛雷克雅未克艺术展的作品。如图1-41所示，我们可欣赏到玛莎·舒沃兹的更多作品。

▼ 1-40

▼ 1-41

图 1-38　拼合园
图 1-39　绿屋顶
图 1-40　警世传说
图 1-41　玛莎·舒沃兹作品

▼ 1-42   ▼ 1-43

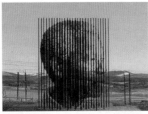

▼ 1-44

3. 城市雕塑设计

城市雕塑主要是用于城市的装饰和美化。它的出现使城市的景观增加，丰富了市民的精神享受。作为城市的组成部分，城市雕塑一般建立在公共场所，既可以单独存在，又可与建筑物结合在一起。城市雕塑的题材范围较广，凡是与该城市的地理特征、历史沿革、民间传说、风俗习惯等有关联者皆可创作并建立（如图 1-42）。

城市中的纪念地、游览区、陵墓、桥梁、交通干线、商场、宾馆等公共场所的大型室内外雕塑，都属于城市雕塑，也可称之为公共雕塑。在日本和美国等国家，还称之为景观雕塑、环境雕塑（如图 1-43 至图 1-44）。

▶ 1-45

城市雕塑从另一个侧面反映了某一个地区的经济与文化发展水平以及精神世界。在世界各地的商业街区、企业区、居民社区、旅游风景区、机场、码头等，各种雕塑景观调节着建筑空间的气氛。除了一定数量的大型纪念性雕塑外，更多的是中小型城市雕塑，它们位于城市的各个部位，一部分具有一定的纪念意义，但多数是独具魅力的创作（如图 1-45）。

图 1-42　曼德拉被捕纪念雕塑
图 1-43　日内瓦城市花园雕塑
图 1-44　日本循环的森林雕塑
图 1-45　城市雕塑

4. 产品造型设计

现代生活已经无法离开工业产品设计，它客观真实地影响着人们的生活。从水杯等生活用品到家具，从服装首饰到各类电器、交通工具等，都是工业产品设计的范畴。

工业产品设计是科学技术与艺术的融合，是工业产品的使用功能和审美情趣的完美结合。所以，在工业产品设计中特别强调产品设计的功能性、审美性和经济性。随着时代的发展，工业产品设计被更多地注入了精神和文化的内涵。

立体构成的学习和训练的目的是培养我们的创造性思维，要掌握立体造型的规律和方法，并将其应用到设计当中。工业产品的设计过程就是把抽象的创造性思维与技术相结合，最终转化为艺术与技术相结合的产品（如图1-46）。

▼ 1-46

图 1-46　立体构成在产品设计中的应用

三、色彩构成的应用维度

1. 建筑色彩

建筑界所说的建筑色彩，主要指建筑及其附属设施外观色彩的总和，具体是由建筑本身的墙体、门窗、屋顶以及其他附属性构件等构成，有时也包括建筑内部的色彩（如图1-47）。

概括来说，建筑外观色彩主要有以下几个功能。一是美化作用，即通过成功的色彩设计使城市环境的主题对象——建筑显得更加美观。色彩还可以掩饰建筑在某些方面的缺陷，如造型、结构、比例等。对一些不需要暴露的建筑构件，可以通过色彩将其掩盖起来，从而使建筑的轮廓与结构保持一致。二是标识作用，即通过不同的色彩效果展示建筑的个性特征。在日常生活中，按照便于记忆与识别的色彩要素去寻找建筑物的目标，几乎是人们司空见惯的事。例如，北京 SOHO 现代城整体外墙面为灰色调，但由于每栋楼的装饰色彩不同，即使来访者不知道具体的楼号，也能通过建筑的不同标识色彩而很快找到目标。

2. 室内环境色彩

在室内环境中，存在多种背景色和物体色的组合，如墙面、地面、天花板与家具、纺织品、灯具等形成的多层次色彩环境。在多重组合的色彩关系中，应恰当地确定色彩倾向，即室内的色调。

▼ 1-47

图 1-47　色彩构成在建筑设计中的应用

（1）商业内部环境设计：商业内部环境主要用于商品的陈列展示，这种环境色彩的目的是突出商品（如图1-48）。

（2）文教、图书馆内部环境：这类环境空间是以人在其中学习、研究为主，所以色彩的选择和处理常以安静、稳定、柔和、淡雅的色调为佳，色彩设计多采用高明度、低纯度、色相对比缓和的色调（如图1-49）。

（3）住宅区色彩：通常情况下，小空间居室的色彩以淡雅为宜，以达到扩大视觉空间感的效果；大空间居室可选择中性色调。居住者的个性决定了居室的色彩情调（如图1-50至图1-51）。

▲ 1-48

▲ 1-49

▲ 1-50

▼ 1-51

图1-48　商业内部环境色彩
图1-49　文教内部环境色彩
图1-50　客厅环境色彩
图1-51　卧室环境色彩

3. 产品色彩

产品的色彩能最先引起消费者的注意，并起到识别产品、增强记忆的作用，产品的色彩美是产品价值增值的重要因素。产品包装的色彩更能突出产品的个性、增强产品形象的感染力和冲击力（如图 1-52）。

4. 服饰色彩

在服装文化发展中，色彩以其鲜明醒目的特征，发挥着重要作用。在服装色彩设计中，构成对比关系的熟练运用非常重要，它可使最个性化的色彩相互融合（如图 1-53）。

▼ 1-52

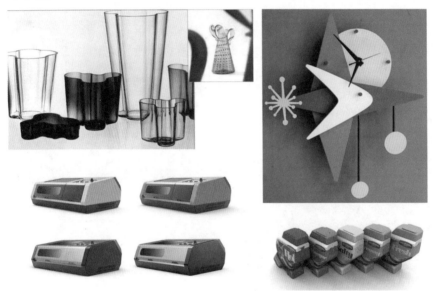

▼ 1-53

图 1-52　色彩构成在产品设计中的应用

图 1-53　色彩构成在服装设计中的应用

第三节　构成与人居环境科学的关系

　　形态构成在建筑设计、风景园林设计、城乡规划设计中的应用研究是对设计方法的研究。构成概念源于德国，其在西方国家的发展和应用要远远高于东方。彼德·沃克、勒·柯布西耶等大师都对构成艺术在人居环境科学中的应用做过有益的研究。例如沃克的剑桥屋顶花园、伯奈特公园就是极具特点的构成景观设计作品，是对构成艺术在景观设计应用中的大胆尝试。日本的许多建筑设计师和景观设计师也对构成艺术产生了浓厚兴趣，并将其研究付诸实践。他们将"人工中有自然，自然中有人工"作为设计原则，集中展现几何图案与色彩的神奇效果。在中国，形态构成也已扩展到建筑设计、风景园林设计、城市规划等诸多领域（如图 1-54 至图 1-56）。

　　可以说，形态研究是视觉形式研究的主要方法。通过对形态的研究，可掌握对人居环境科学设计优劣的评价能力，还可提高对形态构成的创造能力。形态主要研究形态及形态

▼ 1-54

▼ 1-55

▼ 1-56

图 1-54　建筑设计作品
图 1-55　风景园林设计作品
图 1-56　张家口城市规划

的组合规律，研究如何提高形态意识，为设计积蓄能力与营养。

人居环境科学设计的重要任务之一，就是运用构成的原理和方法，把各造型要素组织起来，使它们满足功能要求，创造出美的形式，这是学习构成的目的。在人居环境科学设计领域，空间是一种物质的存在，由一些具体内容构成。这些具体内容由点、线、面、形、色彩和肌理构成。这些内容共同形成了空间形式的主要视觉因素，而方法是关注形与形、空间与空间的相互关系。通过点、线、面、形、色彩和肌理构成空间，这与我们之前研究的形态构成原理不谋而合。

研究形态构成在人居环境科学中的应用研究，主要从两个方面入手：一方面是对形态构成自身的研究与应用，另一方面是从人居环境科学的角度进行可行性分析。我们要整理两者之间的相互联系，找到形态构成与人居环境科学之间的共同之处以及具体结合的可能性。从形态构成的角度来看，人居环境科学设计是"复杂的构成"，即将地形、建筑、植物、水体、地面铺装等众多要素抽象为纯粹的点、线、面、体，依据形态构成的原理进行布局和构图，再按照人居环境科学设计的原则进行统筹处理，最后合成满足一定使用功能和精神功能的环境。

人居环境科学设计，从平面构成角度可以归纳为点、线、面、形的构成。点、线、面、形的内容形成了空间形式的主要视觉因素。通过对点、线、面、形的应用，可以把原本无规则的事物变为有章可循的设计作品。特别是在西方的宫廷建筑、景观设计中，大量运用了平面构成的方法，将一种庄严、规则的印象贯穿于始终。

▏本章小结 ▏

构成艺术是现代视觉传达艺术的基础理论，它的相关知识适用于所有构成设计。在现代设计领域中，"构成"可以进一步理解为对视觉造型要素的提取与重组，人们对世界的认知是建立在对周围事物的观察、分析、整理、理解、记忆等一系列过程中的。本章通过对构成发展历史的介绍，引导学生认识构成、理解构成，然后通过应用维度的介绍，使学生了解构成在设计中是如何体现的。

| 思考与练习 |

1. 分析包豪斯学院构成课程对当时设计领域的影响。

2. 提交一份《构成在设计中的应用》的分析报告，包括以下几个方面。

（1）分析在设计案例中应用了三大构成中的哪些构成。

（2）在案例中可取的、值得学习的地方有哪些。

（3）需要改进的地方有哪些。

（4）至少分析十个以上设计案例。

要求：内容紧凑，结构合理，不少于 500 字。

| 实训课堂 |

实训内容：以形态构成的视角分析任意单体建筑实体。

要求：解构建筑单体中的点、线、面、体、色彩之间的关系，绘制出平面构成、色彩构成、立体构成在此建筑中的表现形式。

第二章

平面构成

COMPOSITION
OF BUILDINGS

【 学习要点及目标 】············

- 了解平面构成的概念；
- 学习点线面在平面构成中的应用，并熟练运用到自己的设计中；
- 培养学习者的创新思维能力。

【 本章导读 】············

　　日本著名构成教育家朝仓直巳先生曾说："一位优秀的设计艺术家，需要有敏锐的美感和丰富的创意，最重要的是要有创新思维。"而平面构成课程的学习则是实现上述要求的一条行之有效的途径。

　　平面构成是一门培养艺术设计人员的重要课程。本章通过讲述平面构成的含义及分类来了解平面构成的基本元素——点、线、面的定义与应用，培养学习者的创新能力；综合阐述了创造性思维对于平面构成基础课程学习的重要性。

　　平面构成与色彩构成、立体构成一起构成了视觉设计的基础。作为设计的基础课程之一，平面构成主要是针对二维空间内基本形态的创造和画面构成方式的学习，是为更深入地研究平面设计而进行的具有纯粹意义的训练课程，可拓展学生的设计思维，帮助学生掌握理性的设计方法，为以后的专业设计奠定坚实的基础。

第一节　平面构成的概念

一、平面构成的含义

平面构成是一种理性的艺术活动，它在强调形态之间的比例、平衡、对比、节奏、律动、黑白色等的同时，又要讲究图形给人带来的视觉感受及心理反应，具有美的价值取向，从而达到一种共鸣。

平面构成是构成艺术的一部分，也是现代艺术基础和现代设计基础的一个十分重要的组成部分，主要研究的是视觉形象在平面上的组合形式，即通过平面构成的既有的形态（包括具体形态和抽象形态），在二维平面内，依照美的形式法则和一定的秩序进行分解、组合，再创造新的形象及新的组合秩序，形成既来源于生活又高于客观世界的新的视觉形象。

平面构成是设计的最基础部分，是一种理性的艺术活动，在强调形态方面的比例、平衡、对比、节奏、律动、推移的同时，又要讲究图形给人的视觉引导作用，通过视觉语言对人们的生理与心理产生影响。平面构成不是简单地模仿物体的具体形象，而是以现实形态为基础，强调客观现实的构成规律，通过对最简单的点、线、面进行分解、组合、变形，反映物体运动的规律性，表现与众不同的平面效果（如图 2-1 至图 2-2）。

随着生活水平的提高，人们对生活质量的要求和对形态的审美要求也在不断提高。现代设计师不仅要满足人类的物质需求，更要满足人类的精神需求，因此，平面构成在设计领域中的运用更加广泛。如图 2-3 所示的是包豪斯的设计作品，该作品在兼顾功能的基础上，突破了传统框架对产品外观艺术视觉效果的约束，在形状、比例、视觉感受上有了一定的外延拓展和深度挖掘。

二、平面构成的分类

构成是一种造型概念，是将不同或相同的形态单元重新组合成新的单元形象，赋予视觉感受上新的形态形象。根据这一原理，任何形态都可以进行构成。构成对象的形态主要

▼ 2-1

▼ 2-2

▶ 2-3

图 2-1　平面构成广告设计
图 2-2　平面构成招贴设计（学生作品）
图 2-3　包豪斯设计作品 茶壶

有自然形态和抽象形态。因此，按照构成的形态可以将平面构成分为自然形态的构成和抽象形态的构成两大类。

1. 自然形态的构成

自然形态的构成是以自然本体形象为基础的构成形式。这种构成方法可以保持原有形象的基本特征，通过对形象整体或局部的分割、组合、排列，重新构成一个新的图形。如图 2-4 所示的图形，以蝴蝶形象为基础，对形象进行了分割、重组、排列，最终形成了我们看到的效果。

2. 抽象形态的构成

抽象形态的构成是以抽象的几何形象为基础的构成，即以点、线、面等为构成元素，进行几何形态的多种组合。其构成方法是以几何形态为基本元素，按照一定的规律进行组合、排列。如图 2-5 所示的是点、线、面结合而成的抽象空间设计。

▼ 2-4

▼ 2-5

图 2-4　自然形态的构成 蝴蝶
图 2-5　抽象形态的构成 韩国馆

第二节　平面构成的点线面

一、点

1. 点的定义

造型艺术中的点是一切形态的基础。到底什么是点？我们通常认为点是圆形的，其实这是一个错觉。在艺术形式中，点的形态是千变万化的，圆形、方形、三角形、多角形以及不规则形都可以称为点。点是因空间环境的对比而形成的，形态由在空间中所占比例大小来决定，并非由点自身的形态来决定。比如汪洋大海与大海

图 2-6　海面上的点

中的一艘小船相比，小船是渺小的点，但是小船与船上的人相比，它又是非常巨大的点（如图 2-6）。因此，在艺术形式里设定不同的参照物，可以得到各种形态的点。

点可以表述为"造型元素中最小、最单纯、最基本的形态"。在一个城市里，一个区是一个点；在一个区里，一栋建筑是一个点；在一栋建筑里，一个房间是一个点……因此可以说，点是一个相对概念，所谓"最小、最单纯、最基本"是与空间及其他形态对比而言的。点只不过是面或体的缩小。点的运动轨迹即是线，而线的运动则形成面，面的运动又形成体，而点的扩大也会形成面或体。由于点是最小的形态，因而给人坚实的感觉，具有集中视觉的作用。在一个限定空间中，单独的点具有醒目的优势作用。

2. 点的形状

一般提到点，我们首先想到的是圆点。这也许是因为圆有着点所需要的特征：简单、集中、无棱角、无方向。但实际上，点可以是任何形状，但有规则和不规则之分。

（1）规则的点是严谨有序的几何形。除了同人们脑海中的定义接近的点——圆形以外，

▼ 2-7

▼ 2-8

图 2-7　规则的点
图 2-8　不规则的点

三角形、方形、五角形、水滴形等，只要有一定规律可循，而且按一定规律排列，都可以看作是规则的点（如图 2-7）。

（2）不规则的点是自由随意的点，它没有固定的形状，也没有固定的大小，只是一个相对的概念（如图 2-8）。比如以大海为一个空间，海中的生物都可以看作是点。

3. 点的视觉形式

点是视觉的中心，当画面上有一个点时，这个点具有引导视线的功能。点在连续时会给人以线的感觉，在集合时会给人以面的感觉（如图 2-9）。多个细小的点集合在一起，可以形成一个新的形象。点会因大小不同而产生深度感，几个点则会产生虚面的效果。如图 2-10 所示，这幅图没有实线勾勒外轮廓，只通过不同大小的点分散或集中地排列而形成一只猫的虚面。

通过上述例子可以看出，即使再小的点组合在一起，也能产生让人意想不到的视觉感受。在平面构成中，点是常用的元素，也是引导人们视觉中心的有力元素，人们常常会因同一

▼ 2-9

▼ 2-10

图 2-9　点的集合
图 2-10　点的虚面

个点的不同排列产生不同的视觉错觉。

（1）点的明暗错觉

白色表现扩张，黑色表现收缩。同样大小的两个点在不同颜色的背景下，会有不一样的明暗视觉效果。如图 2-11 中相同的灰色圆形 a 和 b，因为背景色的不同而显得有差别，a 点颜色格外暗，而 b 点能显得更亮一些。

（2）点的空间关系错觉

同样大小的点，由于所处空间的背景颜色不同，点的大小看起来也不同。如图 2-12 所示，大小完全相同的方形 a 和 b，a 在白色背景的对比下，显得小于黑色背景上的 b。

（3）点与点的关系错觉

两点成线，三点成面。在同一面中，两点的位置不同，两点之间形成的线的长短也会不同。如图 2-13 所示，垂直线与倾斜线实际的长度是相等的，但由于位置原因，给人造成垂直的那条线比斜线的那条线要短的视觉错觉。

（4）点与线的关系错觉

在两线交汇处，大小相同的两个点，会因距离不同而显得大小不同。如图 2-14 所示，靠近两条线交汇处的点会显得大一些。此外，由实到虚的点也给人以大小不同的感觉以及线的错觉。如图 2-15 所示，越虚的点给人的视觉感觉越小，而越实的点显得越大。

4. 点在设计中的应用赏析

（1）平面设计与平面构成的关系密不可分。在平面设计中，平面构成担负着分割画面、组织元素、形成图案的重任。而点又是平面构成中最基本的元素，掌握好点的运用，对其他元素的把握才成为可能（如图 2-16）。

▼ 2-11

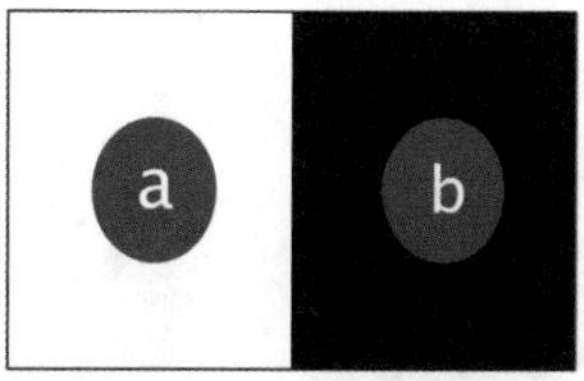

▼ 2-12

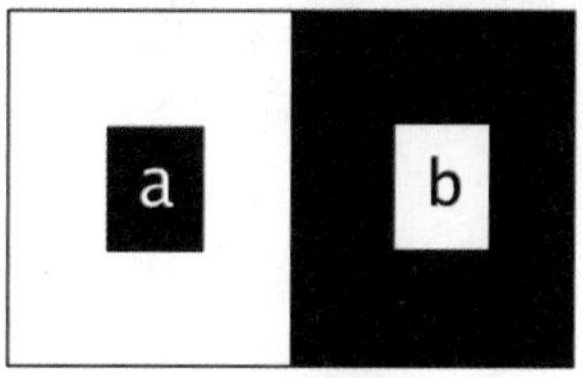

▼ 2-13

▼ 2-14

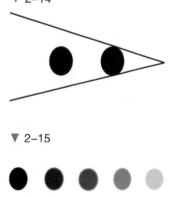

▼ 2-15

图 2-11 点的明暗错觉
图 2-12 点的空间关系错觉
图 2-13 点与点的关系错觉
图 2-14 点与线的关系错觉（1）
图 2-15 点与线的关系错觉（2）

▼ 2-16　　　　　　　　　　　　　▼ 2-17

图 2-16　点在平面设计中的应用
图 2-17　点在室内设计中的应用

（2）无论是建筑的总体布局，还是内部空间的设计，都强调功能、科技、美学的综合应用，旨在创造实用、舒适、优美的空间环境（如图 2-17）。尤其是室内设计，作为一门空间与实体的造型艺术，它离不开点、线、面等基本要素，这些要素的美学特征直接反映了室内空间的艺术形式。

二、线

1. 线的定义

线是点移动的轨迹，是一切面的边缘和面的交界，物象弯折后也可以形成线。几何学上的线是没有宽度和厚度的，只有长度和方向，但构成中的线在画面上是有宽窄粗细的（如图 2-18）。在现实形态中，线因长度而被冲淡或抵消了宽度和厚度，在空间占有上还具有方向上的延伸感。

▼ 2-18

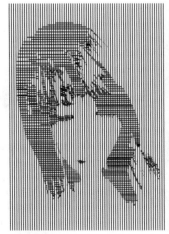

图 2-18　构成中线的
宽窄粗细

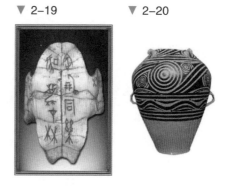

▼ 2–19   ▼ 2–20

2. 线的形状

线作为重要的造型元素，以抽象的形态存在于自然形态中，是一种重要的构成语言。自从人类文明产生，人们就不断地对线进行认识、应用、创造，如甲骨文（如图 2-19）、陶器（如图 2-20）上的纹饰等。虽然线的形式多种多样，但简单来说，我们通常把线分为直线和曲线。其中直线包括水平线、垂直线、倾斜线、折线等；曲线包括圆弧线、椭圆线、抛物线、双曲线、波状线、自由曲线等。

（1）不同的直线会产生不同的心理效果。例如中等粗细的直线，会产生明晰、单纯、直接、固执的心理效果；粗的直线会产生强力、笨重的心理效果；细的直线会产生敏感、脆弱的心理效果；锯状直线会产生不安定、焦虑浮躁的心理效果（如图 2-21）。

（2）曲线分为几何曲线和自由曲线。几何曲线一般由圆规等工具绘制而成，不仅具有曲线的一般特征，还具有直线简单、明快的性质，给人以速度、弹力等心理感受（如图 2-22）。自由曲线是信手绘出或自然形成的曲线，它更具有曲线的性质，富有自由、随意、柔软、女性美的特征。自由曲线的独特性主要体现在它的韵律、弹性和自由的伸展性上。在变化方面，自由曲线要比几何曲线更随意、更复杂（如图 2-23）。

3. 线的视觉形式

和点一样，线也会使人产生视觉错误。由于本身或背景环境的线形诱导，会导致线的形状的变化或产生某种视觉错视。线会产生的视觉错视如下。

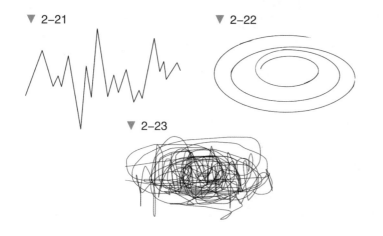

▼ 2–21

▼ 2–22

▼ 2–23

图 2–19　甲骨文中线的应用
图 2–20　陶器中线的应用
图 2–21　锯状直线构成
图 2–22　几何曲线
图 2–23　自由曲线

图 2-24　相等线不等错视
图 2-25　水平线变斜线错视

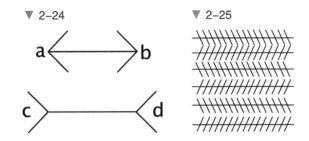

（1）尺度错视就是视觉对形的尺度判断与形的真实尺度不符的现象。尺度错视又可称为大小错视。

（2）长度错视就是长度相等的线段，由于所处环境或诱导因素不同，使人感觉它们并不相等（如图 2-24）。

（3）线的明度、角度、位置关系错视，是指因周围形态的影响，都能造成错视现象的发生。例如因周围形态的影响，水平方向的平行线变得不平行（如图 2-25）。

4. 线在设计中的应用赏析

线在构成中，由于运动方向不同，也会给人不同的印象。左右方向流动的水平线，表现出流畅的形式和自然持续的空间；上下垂直流动的直线，给人自由落体感；由左向右上升的斜线，给人轻松飞跃的运动感；由左向右下落的斜线，给人速度飞快及动势的刺激感。因此，线不仅可以明确体现轮廓，也可增强画面的动感、静感、下垂感、向上感、节奏感和韵律感等形式美感（如图 2-26 至图 2-28）。

图 2-26　线的构成手绘作品
图 2-27　线在平面设计中的应用
图 2-28　线在建筑设计中的应用

三、面

1. 面的定义

面是线移动的轨迹，也是浓密有致的点。在平面构成中，不是点或线的都是面。点的密集和扩大或线的聚集和闭合都会生出面。面从严格意义上说，"没有厚度，只占上下、左右二维空间的形态称为面"。实际上我们能见到的面是二维的平面形式冲淡或抵消了厚度的形态。将现实世界中极为复杂、多样的形态加以概括、总结，抽象出的面被称为基本平面。面是构成各种可视形态的最基本的形。在平面构成中，面是具有长度、宽度和形状的实体。它在轮廓线的闭合内，给人以明确、突出的感觉。各点的密集和扩大构成了一定形状性质的面（如图 2-29）；各种不同的线的闭合，构成了各种不同形状性质的面（如图 2-30）。

2. 面的形状

面的形象特别丰富，也有一定的性格象征。例如，由棱角分明的折线构成的面是男性性格的象征；由平滑曲线构成的面是女性性格的象征。面的不同变化给人不同的视觉感受。在平面构成中，面的形状大体可分为直线形、几何曲线形、自由曲线形和偶然形四类。

（1）直线形的面

直线形的面具有直线的心理特征，如正方形能呈现出一种安定的秩序感，在心理上给人简洁、安定、井然有序的感觉，是男性性格的象征（如图 2-31）。

（2）几何曲线形的面

几何曲线形的面比直线形的面柔软，是具有几何秩序性的面。特别是圆形，能表现几何曲线的特征。正圆形过于完美，存在呆板、缺少变化的缺陷；扁圆形呈现出一种有变化的曲线形，较正圆形更具有美感，在心理上给人一种自由整齐的感觉（如图 2-32）。

▼ 2-29　　▼ 2-30

▼ 2-31　　▼ 2-32

图 2-29　点的密集形成的面
图 2-30　线的闭合形成的面
图 2-31　直线形成的面
图 2-32　几何曲线形的面

（3）自由曲线形的面

自由曲线形的面是不具有几何秩序性的面。这种曲线形的面能充分体现出设计者的个性，是最能引发人们兴趣的造型，是女性特征的典型代表，在心理上可产生优雅、魅力、柔软、带有人情味的温暖感觉（如图2-33）。

（4）偶然形的面

偶然形的面是以特殊方法构成的形态，具有其他形态表现不出来的、独特的视觉效果，给人以自由、活泼的心理感受（如图2-34）。例如，一滴墨汁滴在宣纸上，晕染开后形成偶然形的面。

3. 面的视觉形式

在平面构成中，由于面位置的移动、方向的改变以及空间的变化，都会使面形成各种丰富的形态，表现出不同的视觉效果。面同点和线一样，都会产生视觉错误。面的主要错视效果有以下两种。

（1）扭曲错觉

面在视觉中会产生不同的错觉。由于相关因素的诱导、干扰，或由于背景环境的影响，会导致形的视觉印象发生变化，产生不同程度的扭曲现象（如图2-35）。

（2）大小错觉

由于环境影响，会产生大小不同的对比作用。例如，同等大小的两个正圆形上下并置，上边的圆形给人感觉稍大，因为人们观察物体时，一般视平线较之中线偏高，上部的图形大多成为视觉中心，由此产生错视效果（如图2-36）。

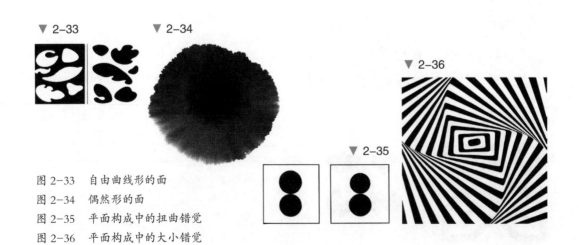

▼ 2-33   ▼ 2-34   ▼ 2-36   ▼ 2-35

图 2-33   自由曲线形的面
图 2-34   偶然形的面
图 2-35   平面构成中的扭曲错觉
图 2-36   平面构成中的大小错觉

▼ 2-37  ▼ 2-38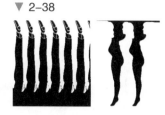

图 2-37 图形递变
图 2-38 互嵌图形

除上述两种错视效果外，在构成设计中，我们一般把具有形象感的实体称为"图"，而把周围的空间称为"底"。在平面构成中，错视的表现是多方面的。在图形中，图与底之间或多或少存在着错视现象，这种现象被称为"各向异性"。"图"与"底"的"各向异性"主要有图形递变（如图 2-37）和互嵌图形（如图 2-38）两种。

4. 面在设计中的应用赏析

几何学中的面具有长度、宽度而没有厚度。在设计中，面具有轮廓线，且能准确地定位形的意义。面的形态千姿百态，例如自然、流畅、柔和、淳朴的有机形；新颖、富有个性的偶然形；明快、富有理性次序美的几何形；不受限制、没有规律可循的不规则形等。设计师通过面的分割、重叠、皱褶等手法，可以使相同或呆板的形产生丰富变化（如图2-39）。面的构成在建筑设计中的应用，如图 2-40 所示的苏州博物馆新馆平面图。

▼ 2-39

图 2-39 面的构成的手绘
图 2-40 面的构成在建筑设计中的应用

▶ 2-40

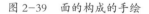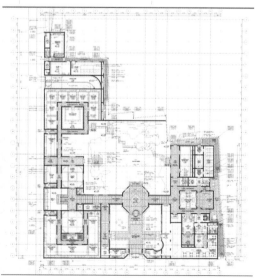

第三节　平面构成的形式

一、重复

重复是指在同一设计中，相同的构成要素出现两次或两次以上。重复能产生有规律的节奏感，使画面协调统一，以加强观者的印象，是设计中常用的手法。重复主要包括对基本型的重复、对骨骼的重复。

1. 基本形的重复

用来重复的形状被称为基本形。每一基本形为一个单位，以重复的手法进行设计。在构成设计中，使用同一个基本形构成的画面叫作基本形的重复（如图 2-41）。

2. 骨骼的重复

若骨骼的每个空间单位完全相同，则此骨骼为重复骨骼（如图 2-42）。最简单、最普遍、最实用的重复骨骼是基本方格组织（四边均为相等正方形）。基本骨骼又可演变出多种形式的重复骨骼，其变化方法如下。

（1）比例的改变。有正方、长方，因长方的方向性是明显的，因此设计就有了方向的偏重。

（2）方向的改变。骨骼线可由垂直和水平变为倾斜，其骨骼线仍相互平行，并具有动感。

▼ 2-41

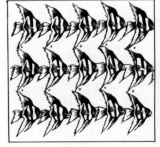
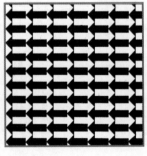

▼ 2-42

图 2-41　基本形的重复

图 2-42　骨骼的重复

（3）骨骼单位的联合。两个或两个以上重复的骨骼单位可合并成新的大骨骼单位，但要保证形状、大小相同，且在合并后不留空隙。

（4）骨骼单位的细分。每个骨骼单位可由大化小，变为新的、细小的骨骼单位，其形状、大小必须相同。

（5）骨骼线的弯折。在保证各骨骼单位形状、大小始终相同的情况下，骨骼线可有规律地弯折。

二、近似

在自然界中，两个完全一样的东西是几乎不存在的，但近似的东西却很多，例如沙滩上的鹅卵石、树上的叶子等，在形状上都有近似的性质。这种彼此类同而不完全相同的现象叫作近似。近似的要点是"同多异少"，使大部分因素相同、小部分相异。在规律前提下适度地变异，使近似的形态有统一协调的观感，才能取得既统一又富于变化的形式美感（如图 2-43）。

1. 基本形的近似

彼此类同的一系列基本形即为近似基本形。设计中基本形的近似一般指形状、大小方面的近似。近似基本形可通过下列方法得到。

（1）利用同类别的基本形：各形若属某一族类、同一品种，则会自然形成近似的外貌（如图 2-44）。

（2）对基本形进行相加或相减：将两个或两个以上的基本形相加（联合）或相减（减缺）。由于加或减的方向、位置、大小不同，可获得一系列基本形。

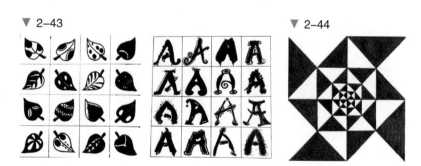

▼ 2-43   ▼ 2-44

图 2-43　近似
图 2-44　基本型的近似构成

2. 骨骼的近似

骨骼单位在形状、大小上有一定变化，这就是近似骨骼。实际上这是一种半规律性骨骼，此骨骼实用性小，容易造成秩序混乱，使用价值不大。可以按有作用性规律在相应骨骼中纳入较单纯的近似基本形或以骨骼自身变化构图，会收到很好的效果（如图 2-45）。

三、渐变

渐变是一种规律的变化运动，它是对应的形象经过逐渐的规律性过渡而相互转换的过程。比如植物芽叶由大到小的排列、同心圆的水纹波层层扩散等，都是自然现象中的渐变形式。渐变有严格的规律性，它的结构富于动感，以节奏韵律和自然感取胜（如图 2-46）。渐变的构成方法很多，可以是几何基本形纳入骨骼，也可以是具象基本形做空间渐变。

▼ 2-45

▼ 2-46

图 2-45　骨骼近似构成
图 2-46　渐变

1. 渐变的基本形

（1）双向渐变。任何两个截然不同的形，都可以通过一个过渡阶段，从一个形逐渐地、自然地渐变成另一个形。关键是中间过渡阶段要消除个性，取其共性。如圆可以渐变成方，方可以渐变成三角形，鸟可以渐变成鱼。

（2）大小渐变。图形沿着一定方向、角度由大逐渐变小而产生深远感。

（3）方向渐变。图形沿着一个视觉中心做角度变化而产生旋转感。

（4）增减渐变。以两形合成为基础，逐渐相加或相减。

（5）虚实渐变。用黑白正负变化的手法，将一个形的虚形渐变为另一个形的实形。

2. *渐变骨骼*

使骨骼单位的空间、形状、大小按一定比例（等比或等差）做有规律的渐变，即为渐变骨骼。渐变骨骼本身就可以成为完美的构成。渐变骨骼的类型如下。

（1）形状的渐变。一个基本形渐变到另一个基本形，可以由完整渐变到残缺，也可以由简单渐变到复杂，由抽象渐变到具象。

（2）大小的渐变。基本形由大到小的渐变排列，会产生远近深度及空间感。

（3）色彩的渐变。在色彩中，色相、明度、纯度等都可以出现渐变效果，并产生有层次的美感。

（4）骨骼的渐变。是指骨骼有规律地变化，使基本形在形状、大小、方向上进行变化。渐变的骨骼经过精心排列，会产生特殊的视觉效果，有时还会产生错视和运动感。

四、发射

发射的现象在自然界中广泛存在。太阳的光芒、盛开的花朵、贝壳的螺纹、蜘蛛网等，都形成发射图形。可以说，发射是一种特殊的重复和渐变，其基本形和骨骼线均环绕着一个或几个共同中心。发射有强烈的视觉效果，能引起视觉上的错觉，形成炫目的、有节奏的、变化不定的图形。发射图案具有多方的对称性，有非常强烈的焦点，而焦点易于形成视觉中心。发射能产生视觉的光效应，使所有形象犹如光芒从中心向四面散射。

发射骨骼有三类：离心式、同心式、向心式。在实际设计中，常穿插叠合，兼而用之。其中，离心式发射表现为基本形围绕发射点由中心向外扩散，呈现出向外的运动感，是应用较多的一种发射形式。发射的骨骼线可以是直线，也可以是曲线。骨骼线排列的密度越高，发射形式感越强（如图 2-47）。而同心式发射的基本形表现呈现层层环绕一个中心，每层基本型数量不断递增，形成扩大、扩散的形式（如图 2-48）。向心式发射的基本型发射状态由四周向中心点集中归拢、迫近，这种发射形式画面比较饱满，设计时应注意画面中心的形式契合，避免重心不稳定。

以发射点特征为依据，发射骨骼构成又可分成以下类别。

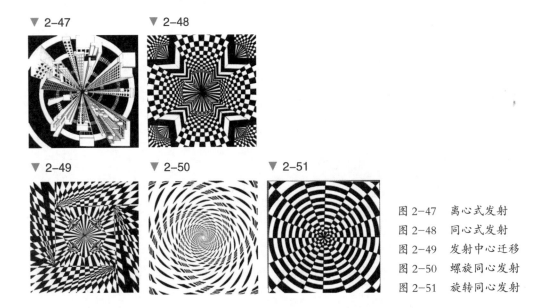

▼ 2-47　　　　▼ 2-48

▼ 2-49　　　　▼ 2-50　　　　▼ 2-51

图 2-47　离心式发射

图 2-48　同心式发射

图 2-49　发射中心迁移

图 2-50　螺旋同心发射

图 2-51　旋转同心发射

1. 发射中心迁移

中心沿一定轨迹，如直线、曲线、圆形、方形等做规律性移动，使画面产生各种涡旋效果（如图 2-49）。

2. 螺旋同心发射

使同心式的邻近骨骼线部分顺势相接，或将中心不同的弧形首尾相接，便可形成螺旋式的同心发射（如图 2-50）。

3. 旋转同心发射

同心的骨骼线围绕一个方形或其他不规则图形顺着一定方向排列，可获得多层次的旋转效果（如图 2-51）。

五、特异

特异是规律的突破和秩序的局部对比。在整体规律之中，一小部分与整体相对立，又不失相互联系，这一小部分就是特异。特异的程度有大小差异，但对比差异过小易被规律埋没，过大又会失去总体协调，应以不失整体观感的适度对比为宜。特异部分总能形成视觉中心，引起注意，比如万绿丛中一点红、鹤立鸡群等都是特异形象。

1. 形状特异

特异基本形中，绝大部分基本形保持一致，其中一小部分产生突出的变异，这部分就是特异基本形。注意使特异基本形与一致的基本形之间，既保持某种联系而不失整体感，

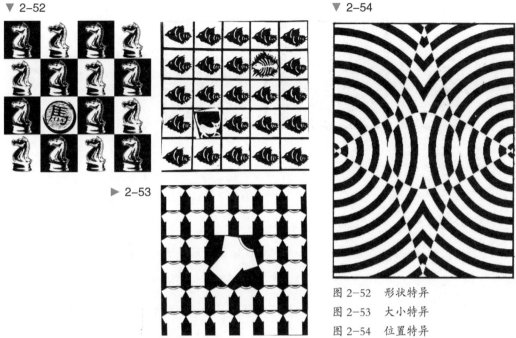

▼ 2-52

▶ 2-53

▼ 2-54

图 2-52　形状特异
图 2-53　大小特异
图 2-54　位置特异

又要显而易见、引人注目。特异部分应集中在一定空间内，特异的数目应稀少，甚至只有一个，这样才易于形成视觉中心（如图 2-52）。

2. 大小特异

大小特异是指构成中基本形在重复规律中完成面积的差异对比，构成画面的视觉重心，完成创作目的（如图 2-53）。需要注意的是，基本形选择大小上的特异要适中，对比太悬殊或者太接近都不好。

3. 位置特异

位置特异是指在构成中，基本形位置打破重复规律形式，做位置的特异对比，形成明确的差异对比，构成画面的视觉焦点，完成创作形式（如图 2-54）。

六、密集

密集在构成设计中是一种常用的组织手法，基本形数量众多，排列方式有疏有密，在构成设计中形成一定的张力，带有鲜明的节奏感与韵律感。最密或最疏的地方常常成为整个设计的视觉焦点。

密集是对比的特殊形式，是基本形数量、大小在疏密关系上的自由排列。基本形在组

▼ 2-55   ▼ 2-56   ▼ 2-57

图 2-55　趋于点的密集

图 2-56　趋于线的密集

图 2-57　趋于面的密集

织画面时不必遵循严格的骨骼关系，主要是通过"疏""密"等形式的对比来体现的。密集也是重复的一种特殊形式，没有明显的骨骼结构，利用大量形式相同或相似的元素，产生数量、疏密、虚实、松紧的对比效果。

密集构成是比较自由的构成形式，包括形的密集和自由密集两种。所谓形的密集，是依靠画面上预先安置的骨骼线或中心点组织基本形的密集与扩散，即以数量相当多的基本形在某些地方密集起来，而从密集处又可逐渐散开。而自由密集则是不预制点与线，依靠画面的均衡，即通过密集基本形与空间、虚实等产生的轻度对比来进行构成。基本形任意密集，疏密任意调配，布局合理的话，可形成气韵生动的效果。

形的密集包括趋于点的密集（如图 2-55）、趋于线的密集（如图 2-56）、趋于面的密集（如图 2-57）。

七、肌理

肌理是指物体表面的纹理。"肌"即皮肤，"理"即纹理、质感、质地。自然界中各种物质有着不同的属性，因此也就有了不同的肌理形态，例如干和湿、平滑和粗糙、光亮和暗淡、软和硬等。这些肌理形态会使人产生不同感觉。在设计中，为达到预期的设计目的、强化心理表现和更新视觉效应，必须研究创造肌理美的种种可能性，选择和尝试多种工具、材料，不断开拓新的技法，以创造更新更美的视觉效果（如图 2-58）。

肌理的主要形式可分为视觉肌理和触觉肌理两类。

1. 视觉肌理

视觉肌理是对物体表面特征的认识，一般是用眼睛看而不是用手触摸的肌理。它的形和色彩非常重要，是肌理构成的重要因素（如图 2-59）。肌理的表现手法是多种多样的，比如用钢笔、铅笔、圆珠笔、毛笔、喷笔、彩笔等，都能形成各自独特的肌理痕迹，也可用画、喷、洒、磨、擦、浸、烤、染、淋、熏炙、拓印、贴压、剪刮等手法制作。可用的

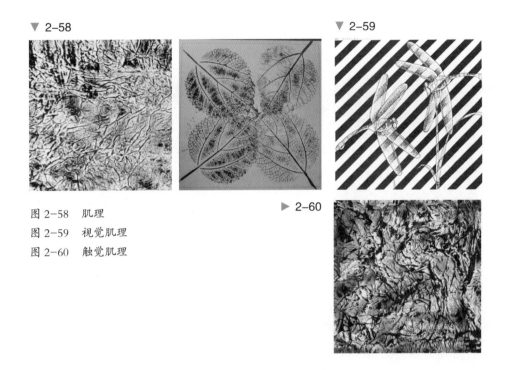

▼ 2-58   ▼ 2-59

▶ 2-60

图 2-58　肌理
图 2-59　视觉肌理
图 2-60　触觉肌理

材料也很多，如木头、石头、玻璃、面料、油漆、海绵、纸张、颜料、化学试剂等。随着
现代科技的发展，将有更多的肌理被运用于现代设计之中。

2. 触觉肌理

用于抚摸感知的、有凹凸起伏的肌理被称为触觉肌理。这种肌理在适当的光照下也可
用眼睛看到。可采用某种工艺手段，对原材料的表面进行加工改造，形成新的肌理效果，
比如被敲打得凹凸不平的金属片、布满雕刻纹理的木板等（如图 2-60）。现成的肌理是
将纸、布、绳、金属片、碎玻璃、种子、沙、蛋皮等任何现成的材料，稍加处理，贴附
于平面之上。

｜本章小结｜

平面构成是对形态、色彩、质感、构图、表现力和美感等造型因素进行综合研究的规律。所谓"平面"是相对于三维立体而言的，指的是形体所表现出来的二维平面特性。"构成"是指各种造形要素的组合方式，它既是一种造型活动，也是逻辑思维与形象思维相结合的一种构思方法与过程。综合说，平面构成是将既有的形态（包括具象形态和抽象形态）在二维平面内按照形式美的法则和一定秩序进行分解、组合，从而创造出全新的形态及理想的组合方式。

｜思考与练习｜

1. 分析平面构成的点、线、面在设计领域中应用的案例。

2. 分析平面构成的形式在设计领域中的案例。

3. 提交一份《平面构成在建筑设计中的应用》的分析报告，包括以下几个方面。

（1）平面构成基本元素——点、线、面在建筑设计中如何运用。

（2）在案例中可取的、值得学习的地方有哪些。

（3）需要改进的地方有哪些。

（4）最少阅读 10 本关于平面构成的书籍。

要求：内容紧凑，结构合理，不少于 500 字。

｜实训课堂｜

1. 实训课题：通过对点、线、面的形态特征的理解，仔细发掘生活中和自然界的点、线、面的形态元素，完成一张由点、线、面构成的作品。

2. 点、线、面的综合构成训练

尺寸规格：30cm*45cm

要求：形态元素构成准确，制作完整，构图美观，构思巧妙。

注意：主题不限，表现技法不限。

第三章

色彩构成

COMPOSITION
OF BUILDINGS

【 学习要点及目标 】············

- 了解什么是色彩构成；
- 掌握色彩的属性及其对比调和方式；
- 了解色彩心理学的概念及其运用方式。

【 本章导读 】············

　　如果你能不知不觉地创造出色彩的杰作，那么你创造时就不需要色彩知识。但是，如果你不能在没有色彩知识的情况下创作出色彩的杰作，那么你就应当去寻求色彩知识。

——伊顿

　　我们利用色彩的目的就是为了创造美。

——德拉克洛瓦

　　色彩构成（Interaction of Color）是研究色彩与色彩之间相互作用的科学，通过人对色彩的视觉感知与视觉心理效果，用科学分析的方式将复杂的色彩现象分解为各个基本要素，再通过色彩的属性变化，按照一定的规律对色彩进行组合构成，然后创造出新的色彩现象的过程。

　　色彩构成是艺术设计的基础理论之一，也是构成基础训练的重要组成部分。学习和掌握色彩构成，能够帮助学生系统且完整地认识色彩理论，掌握色彩属性及形式法则，让学生能够以独特的视角认识世间万物的色彩，提升色彩感知、色彩辨别能力、色彩审美能力和色彩创意，并能够从美学的角度运用色彩。

第一节　色彩构成的概念

　　色彩构成从色彩给人的心理效应和视觉感知出发，通过进行科学的归纳分析，根据不同的目的，将色彩元素按照构成原理和形式美的法则重新组合搭配，进而创造出新的、富有美感的色彩效果。色彩构成作为艺术设计的基础理论之一，也是构成基础训练的重要组成部分。

一、认知色彩

　　光学与色彩学都属于物理学范畴，是物理学的分支。色彩学是在对光学的研究探索下所催生出的一种相对较年轻的学科。在 2000 多年前，我国的先人们就在色彩研究方面编写了完整的理论论著。自意大利文艺复兴以后，欧洲的艺术家与科学家通力合作，对物理学、光学、色彩学进行了系统全面的研究探索，为现代色彩学的产生奠定了理论基础，并且在

图 3-1　色彩在多领域的实际应用

绘画、产品设计、工艺美术、服装、建筑等领域有了较为广泛的涉及，使色彩理论在实际应用中大放异彩（如图 3-1）。

二、色与光

万物在我们眼中所呈现的景象均与色彩有关。色彩是物体表面呈现出的颜色，由于光对物体的作用，我们能够通过视觉分辨物体的色彩，是光让世间物象呈现出了不同的色彩。光源分为自然光源（如图 3-2）和人工光源（如图 3-3）。阳光、月光、闪电、火光等就是自然光；各种灯光、人工火光等人工制造生成的光源，统称为人工光源。没有光，我们将生活在一片黑暗之中，无法辨认物体的色与形。因此，物质只有在借助光的照射下，才能向人们展示它的颜色与形状。

1. 光谱与波长

17 世纪，牛顿利用三棱镜完成了对光的分解，将光分成了红、橙、黄、绿、青、蓝、紫按顺序排列的七色色光，和雨后的彩虹近乎一致（如图 3-4）。彩虹是光在特定的自然条件下分解的色光现象，直观地解释并印证了牛顿色光分解实验，向人们展示了光谱排列的顺序和成因。这个颠覆性的发现，结束了亚里士多德长期以来"光就是色"的错误理论。

▼ 3–2

▼ 3-3

▼ 3-4

图 3-2　自然光源

图 3-3　人工光源

图 3-4　三棱镜散射实验

从物理学的角度来看，光是由微粒形成的。光也是电磁波的一种表现形式，光的性质由振幅和波长两个主要因素决定，其中色彩的明度变化由振幅主导，色光所呈现的相貌由波长的长短决定；振幅越宽的色光色彩越明亮，反之则越暗。

2. 可见光与不可见光

牛顿的色散实验之后，相关的科学实验证明，电磁波的波长，有最短的宇宙射线和极长的无线电波。能被人肉眼看到的光电磁波长的范围为 380~780nm，我们将其称为可见光（如图 3-5）。七色光中，波长最长的光是红光，能被人的视觉神经敏锐地感知，传导辨识度要远远超过其他六种色光，这就是为什么世界各国都把红色作为交通信号灯的禁行色的原因。紫光在所有色光中波长最短，明度较暗，容易被人忽略。准确认知各种色彩的属性，有助于科学合理地运用色彩，充分表达设计需求。

不可见光是相对于可见光而言的，包括波长小于 380nm 的伽马线、紫外线，以及大于 780nm 的无线电波、远红外线等。尽管这些光客观存在，但对于人的肉眼来说很难分辨，必须在专用仪器和设备的辅助下才能观测到。

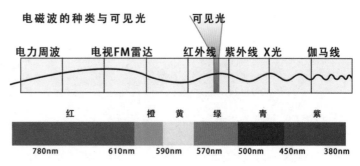

图 3-5　可见光谱

按照色彩学研究的一般惯例，在光与色的关系里所提到的光，大多是指以日光为光源，通过视神经传导而感受到的色彩。人通过眼睛接受物体反射的光，当光刺激眼睛后，首先由视觉神经向大脑传递光的刺激信号，通过大脑的整理分析，产生色彩的认知与感受，这是一种视知觉。色彩就是这一系列的刺激反应合成所产生的，没有光就没有视觉感应活动，对色彩的视觉感受也就不存在。

相关的科学实验证明，自然光源同样具有色彩和发光强弱的特性，色彩学将其命名为光源色。我们感受到的光源主要有明暗、冷暖的差异。同时，我们可以创造出各种人工光源，为我们的生活需要提供服务。在工业设计、影视拍摄、环境设计、舞台与展示设计中，对人工光源的运用越来越广泛，充分展示了光源色彩的魅力。

三、色与视觉现象

色彩是视觉的第一感知，大多数人都具备色彩感知识别能力，其视觉还具备如下特征。

1. 色彩的视错觉

在色彩运用中，多个色彩同时出现的情况非常普遍。在这种现象中，我们会发现同是一个色彩，在与不同色彩组合搭配时会产生不一样的色彩关系；同一个色彩，在不同环境下会看到不一样的色彩面貌，产生不一样的色彩感觉，这就是色彩视错觉。

色彩的视错觉是人观察色彩时，同时受到多个色彩的视觉刺激，在大脑对这些色彩信息进行处理时，对色彩产生一定的误判，生理学称为色彩差错性（如图3-6）。色彩的轻重感、冷暖感、膨胀与收缩感都是由于色彩视错觉造成的色彩感受。巧妙利用色彩视错觉，可以增强设计作品的艺术感染力。

2. 色彩的视觉同化与视觉易见

当我们将两种色相接近的色彩单独放置在同一个背景下观察时，两个色彩的差别明显，

图3-6　色彩视错觉

但当大小不同的色彩前后放置时，会发现面积小的色彩被面积大的色彩包围后，其可见度降低，与大面积的色彩在深浅、鲜灰及相貌上没有明显的区别，这就是色彩视觉同化现象。当两个或两个以上明度、纯度、色相差别较小的色彩同时出现，且大面积色彩包围小面积色彩时，就会产生这种现象（如图3-7）。

图 3-7　色彩视觉同化

视觉同化经常被用在背景设计、包装设计中；而在标志设计中，色彩同化现象应尽量避免，应选择反差明显的色彩，这就是色彩视觉易见现象。这种现象是因为在色彩搭配中，色彩差别明显，容易引起注意。色彩的差别主要是因为色彩的明暗差、鲜灰差及色相差比较明显。同是鲜艳的色彩，色相与明度差别明显，色彩易见度高，如黄黑、红白搭配；鲜灰程度相似、明度相似的色彩，易见度低。

3. 色彩的视觉恒常性与视觉适应性

色彩的视觉恒常性是由于光源的变化，物象自身的固有色会受到光源的影响而变化，但是人们会以平时对该物固有的色彩认知主观去判断色彩。例如苹果的颜色大多是红的，还有绿的和黄的，但是我们依据经验与习惯，对苹果进行红色的概括，所以不管在何种光源下，无论苹果固有色是何种色彩，我们依然认定苹果是红色的。色彩学将这种在大脑皮层形成的色彩印象称为色彩的视觉恒常性。色彩恒常性往往会造成色彩判断迟缓甚至判断失误，应该在设计实践中引起注意与警惕。

色彩的视觉适应性是人的视觉感官在遇到多变的环境时，视觉机能自主进行调节并适应环境变化的特征。当我们在明亮的环境里看到鲜艳的色彩，会感到刺眼，但是经过短时间的调整，便可慢慢适应，这就是视觉的色光适应性。当我们从亮环境进入暗环境后，眼前发黑，所有事物都无法辨别，经过几分钟后，眼前会慢慢变亮，物体逐渐清晰，这是视觉的暗适应；相反，由暗环境进入亮环境，眼前会发白，这是视觉的明适应。

人对色彩的识别认知，往往以最初十秒感觉为最敏感、准确，随着观察时间增长，人对色彩感觉会越来越迟钝。因此我们在做色彩设计时，要善于把握色彩观察与决断的时机，保持色彩观察的新鲜感，掌控好视觉感受的最佳状态。

第二节　色彩属性

色彩具有多种属性，通过对属性的了解与研究，可以更加深刻地掌握色彩的多变性，有效服务于画面。

一、无彩色与有彩色

色彩可划分为无彩色与有彩色两大类。

1. 无彩色系

无彩色系是指黑色、白色及黑白色相融合而成的各种深浅不同的灰色。从物理学角度看，它们不包括在可见光谱中，故不能称为色彩，但在颜料中确实有其重要的作用。当一种颜料混入白色后，会显得比较明亮；相反，混入黑色后，就显得比较深暗。而加入灰色时，会失去原有色彩的纯度。因此，黑、白、灰不但在心理上，而且在生理上、化学上都可称为色彩。

2. 有彩色系

有彩色系是指可见光谱中的全部色彩。有彩色是无数的，它以红、橙、黄、绿、青、蓝、紫为基本色。基本色之间不同量的混合，以及基本色与黑、白、灰之间不同量的混合，会产生成千上万种有彩色。有彩色系是由光的波长和振幅决定的，波长决定色相，振幅决定色调。

二、色彩的三属性

有彩色系中的任何一种颜色都具有三大属性，即明度、色相、纯度。

1. 明度

明度是指色的明暗程度，也可称为色的亮度、深浅度。它主要由光波的振幅所定。若把无彩色的黑、白作为两个极端，在中间根据明度的顺序等间隔地排列若干个灰色，就成为有关明度阶段的系列，即明度系列。靠近白端的为高明度色，靠近黑端的为低明度色，中间部分的为中明度色（如图 3-8）。

色彩的明度有两种情况，一是同一色相不同明度。如把有彩色系中的颜色加黑或者加白混合以后，能产生各种不同的明暗层次。二是不同颜色的明度不同。在可见光谱中不同纯色都有其相应的明度，黄色处于可见光谱的中心位置，色彩的明度高；紫色处于可见光谱的边缘，振幅虽宽，但波长短，所以明度就低；红、橙、绿、蓝的明度居于黄、紫之间，这些色相依次排列，很自然地显现出明度的秩序。

2. 色相

色相是指色彩不同的面貌，它是区分色彩种类的名称。在光谱色中，红、橙、黄、绿、青、蓝、紫为基本色相。色彩学家把红、橙、黄、绿、青、蓝、紫等色相以环状形式排列，构成色相环，亦称色轮。在色相环中，色相被等距离分隔，一般以 5、6、8 个主要色相为基础，进而求出各中间色，可做成 10、12、16、18、24 色相环（如图 3-9）等。

3. 纯度

纯度是指波长的单纯程度，也就是色彩的鲜艳度，亦称彩度或饱和度。一个色掺进了其他成分，纯度将变低。凡有纯度的色必有相应的色相感，有纯度感的色都称为有彩色。

有彩色的纯度划分方法如下：选出一个纯度较高的色相，如大红，再找一个明度与之相等的中性灰色，然后将二者直接混合，从而混合出从大红到灰色的纯度依次递减的纯度序列，得出高纯度色、中纯度色和低纯度色（如图 3-10）。

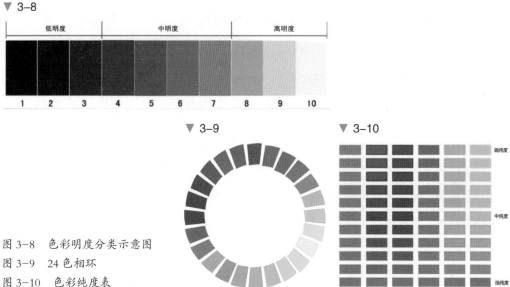

图 3-8 色彩明度分类示意图
图 3-9 24 色相环
图 3-10 色彩纯度表

色彩中红、橙、黄、绿、青、蓝、紫等基本色相的纯度最高。无彩色没有色相，故纯度为零。除波长的单纯程度影响纯度外，眼睛对不同波长的光辐射的敏感度也影响着色彩的纯度。视觉对红色光波的感觉最敏锐，因此红色纯度显得特别高；而对绿色光波的感觉相对迟钝，所以绿色的纯度就低。这里要强调的是：一个颜色的纯度高并不等于明度就高，即色相的纯度与明度并不成正比。

第三节　色彩的对比与调和

对比与调和是色彩表现的重要手段，对比可以使画面变得更加丰富，调和可以使画面变得更为协调。

一、色彩的对比与调和

色彩的对比是指两种或两种以上的色彩放在一起时，由于相互影响而显示出差别的现象。色彩间差别的大小，决定着对比的强弱：色彩的差别大，形成强对比；差别小，形成弱对比；差别适中，形成中对比。

色彩的调和指两种或两种以上的有差别、不协调的色彩，为达到共同的表现目的，经过设计、组合、安排，使画面产生秩序、统一与和谐的现象。

色彩的对比与调和是色彩构成中重要的核心理论，也是评判作品优劣的标尺之一。对比注重客观地探讨色彩呈现的现象、色彩存在的客观状态；调和则是从主观感受的角度来研究客观色彩现象对主观感受的作用，重在研究如何通过构成的方式来获得良好的效果。

色彩调和是伴随着对比的另一种表现形式。色彩对比的减弱，意味着调和的开始，所以减弱对比是形成调和效果最直接的方法。对比与调和是同时存在的，画面中对比太多就会产生不和谐，而太过调和也会不和谐。对比与调和是相互依存、相互制约的，彼此相互协调，画面才能产生特定的美感（如图 3-11）。

▼ 3-11

▼ 3-12

图 3-11 色彩的调和设计
图 3-12 色彩的对比设计

二、色彩的对比

色彩的对比有多种类别，从色彩性质来划分，对比的种类有色相对比、纯度对比、明度对比；从色彩的形象来划分，对比的种类有形状对比、面积对比、位置对比、虚实对比、肌理对比；从色彩的生理与心理效应来划分，对比的种类有冷暖对比、轻重对比、动静对比、胀缩对比、进退对比、新旧对比；从对比色数来划分，对比的种类有双色对比、三色对比、多色对比、色组对比、色调对比；另外还有同时对比、连续对比等。

色彩的对比可以按此分为很多类型。这样分的优点是条理清楚、便于我们很好地理解和训练。但是在实际的色彩运用中，往往是色彩的色相、明度、纯度同时出现在一个画面中，要综合考虑各种因素（如图 3-12）。为了研究的方便，我们需进行单向的说明，现就主要的对比类型加以阐述。

1. 明度对比

明度对比，是指色彩间明暗层次的对比。人眼对明度的对比最敏感，明度对比对视觉的影响力也最大。由于明度包括两方面的内容：一种是指同一种色之间的明度差，另一种是指不同色之间的明度差，所以明度对比包括相当丰富的内容。

在明度对比中，如果其中面积最大、作用也最强的色彩或色组属高调色，色的对比属长调，那么整组对比就称为高长调；如果画面主要的色彩属中调色，色的对比属短调，那么整组对比就称为中短调。按这种方法，大体可划分为十种明度调子：高长调、高中调、高短调、中长调、中中调、中短调、低长调、低中调、低短调、最长调（如图 3-13）。这十种调子是明度对比中最基本的调子，在实际运用中有时也会出现一些更细的对比关系（如图 3-14）。

2. 色相对比

色相对比是指色相之间形成的差别而造成的对比。色相对比是给人带来色彩知觉的重要手段之一。色相对比的强弱取决于色相在色相环上的位置。以 12 色相环为例，任选一色为基色，可以把色相对比分为同类色、类似色、邻近色、对比色和互补色等多种类别。

同类色相对比，是指色彩在色相环中夹角在 0°~15° 之间的对比，是色相中最弱的对比；类似色相对比，是指色相夹角在 15°~30° 之间的对比，相差两至三个色；邻近色相对比，是指色相夹角约为 60° 的对比（最多不超过 90°），属色相的中对比；对比色相对比，是指色相夹角约为 120° 的对比，属色相的中强对比；互补色相对比，是指色相夹角约为 180° 的对比，是色相中最强的对比关系（如图 3-15）。色相对比有着较为直接的对比效果，不同种类的色相对比的表现潜力也是无穷的（如图 3-16）。

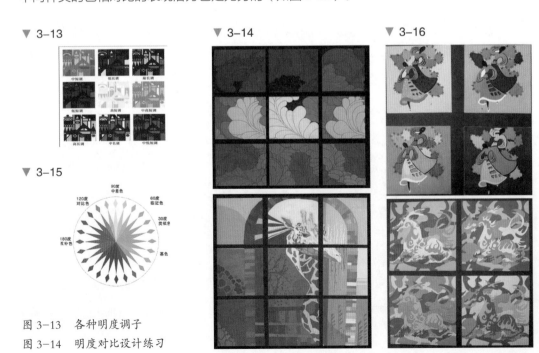

▼ 3-13

▼ 3-14

▼ 3-16

▼ 3-15

图 3-13　各种明度调子
图 3-14　明度对比设计练习

3. 纯度对比

纯度对比是指色彩纯度差别形成的对比。纯度对比较之明度对比、色相对比更柔和、更含蓄。

纯度对比大体可划分为七种纯度调子：鲜强对比、鲜弱对比、中强对比、中弱对比、浊强对比、浊弱对比、最强对比。纯度的鲜与浊不是孤立存在的，同一种色彩在暗淡色调旁可能显得生动，而在一种更加生动的色调旁可能显得暗淡。因此在运用纯度对比时，要从整体上把握对比效果（如图3-17）。

4. 冷暖对比

冷暖对比是由于色彩感觉的冷暖差别所形成的对比。色彩的冷暖感觉与人的生理因素、脑海中对事物的固有印象有关。在画面中，以冷基调为主的构成给人以寒冷、清爽、萧索等感觉；以暖基调为主的构成给人以喜庆、热情、温暖等感觉（如图3-18）。

5. 面积对比

面积对比是指各种色块在构图中所占据的量的比例关系。这种对比与色彩本身的属性并无直接关系，但对色彩效果的影响非常大（如图3-19）。面积的大小对色彩对比的影响力最大。对比色彩的双方面积相当时，互相之间产生抗衡，对比效果强，也称抗衡调和法。对比色彩的双方大小对比悬殊时，则产生烘托、强调效果，也称优势调和法。另外，同一色彩，面积大的往往比面积小的感觉明亮。

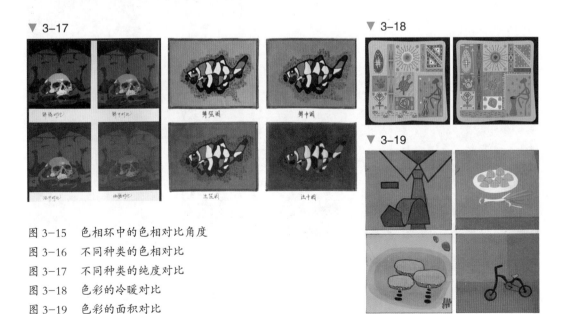

▼ 3-17

▼ 3-18

▼ 3-19

图3-15　色相环中的色相对比角度
图3-16　不同种类的色相对比
图3-17　不同种类的纯度对比
图3-18　色彩的冷暖对比
图3-19　色彩的面积对比

三、色彩的调和

色彩调和是一种内在的要求与必然的结果。这里我们抛开由于色彩体系的差异以及色彩学家各自不同的研究基点所形成的不同派别，从两大方面概括色彩调和的基本原理：一是统一调和，二是对比调和。

1. 统一调和

这是以统一基调来进行调和的配色方法。统一调和强调色彩要素当中的一致性，追求色彩关系的统一（如图 3-20）。统一性调和包括同一调和与近似调和。

（1）同一调和是指在色相、明度、纯度中有某一种或两种要素完全相同，变换其他要素所构成的调和。此调和使配色显示出一种最简单、最易达到的统一感。

（2）近似调和是近似要素的结合，指在色相、明度、纯度中有某一种或两种要素近似，变换其他要素所构成的调和（如图 3-21）。

2. 对比调和

色彩的对比与调和，是相互依存、矛盾的两个方面，它们既相互对立又相互统一，对比当中有调和，调和当中有对比。在实际运用中，要根据主题的需要来选择画面中是以对比为主，还是以调和为主。对比调和（如图 3-22）有以下几种形式。

▼ 3-20

▼ 3-21

▼ 3-22

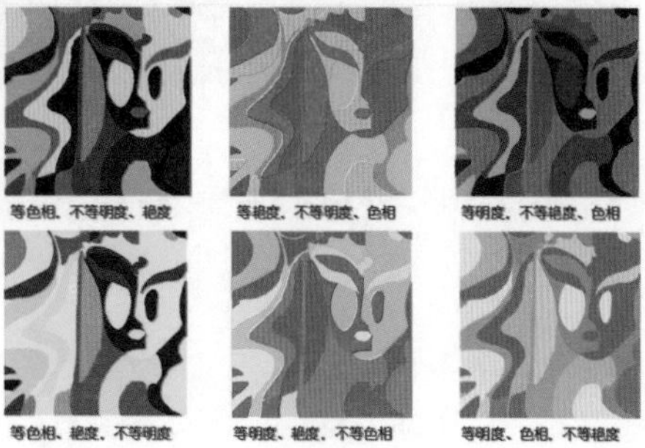

图 3-20　色彩调和设计
图 3-21　近似调和
图 3-22　对比调和

（1）在对比强烈的两色中，放入等差或等比的渐变系列，使画面和谐，达到调和的效果。

（2）将对比的两色（或几色）同时混入第三色，使双方同时具有相同因素，使之调和统一起来。

（3）将对比的两色按照同一种均衡的规律，把各自的成分放置在对方色中进行对比，或者双方色彩按一定量互相混入对方的成分，都可因增添了同质要素而得以调和。

第四节　色彩源泉

一、配色的素材（源泉色）

1. 自然色

自然色，是指自然发生而不依存于人或社会关系的纯自然事物所具有的色彩（如图3-23），它包括四季色、动物色、植物色、土石色等。

图3-23　各种自然色

▼ 3-24

▼ 3-25

图 3-24　各种传统色
图 3-25　色彩的采集

2. 传统色

传统色是指一个民族世代相传的、在各类艺术中具有代表性的色彩特征（如图 3-24），它包括青铜色、漆器色、彩陶色、唐三彩、青花瓷、古彩色等。

3. 民间色

民间色是指民间艺术品上呈现的色彩和色彩感觉，它包括剪纸、年画、刺绣、蜡染、少数民族服饰等艺术品的色彩。

二、色彩的再创造过程

1. 采集

色彩的采集（如图 3-25）是将原物象美的色彩元素通过收集、归纳等手段进行积累的过程。采集的方法如下。

（1）写生：是收集色彩素材、积极咀嚼和充分消化色彩对象的最好方法。它在采集自然色彩时用得最多。

（2）彩色摄影：是现代艺术家常用的采集手法。它能简便、快速、完整、真实、准确地将瞬息万变的自然现象凝固于瞬间。

（3）临摹：是学习和采集传统色彩、民间色彩时多用的手法。

（4）剪贴：指收集图片和标本。

2. 重构

是将原物象美的色彩元素注入到新的结构体、新的环境中，使之产生新的生命。

色彩重构练习有以下几种方法。

（1）整体色按比例重构：将色彩对象较完整地采集下来，抽出几种典型的、有代表性的色彩，按原色彩关系和色面积比例做出相应的色标，整体运用在作品中（如图 3-26）。

（2）整体色不按比例重构：将抽象出的几种主要色彩等比例地做出色标，根据画面要求有选择地应用（如图 3-27）。

3. 部分色的重构

部分色的重构是指从抽象后的色彩中任意选择所需的色彩进行重构。可以是一组色，也可以是一个色。这种重构方法的特点是色彩运用更加自由主动，原物象只给我们以色彩启示，并不受配色关系的约束（如图 3-28）。

4. 形、色同时重构

在色彩重构过程中，有时与原物象的形同时进行重构，会得到更好的效果，更能显示其美的实质、突出整体特征（如图 3-29）。

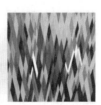

图 3-26　色彩的比例重构作品
图 3-27　色彩的非比例重构作品
图 3-28　部分色彩的重构作品
图 3-29　形、色同时重构作品

┃ 本章小结 ┃

作为指导现代设计学习的基础理论体系之一，色彩构成早在上个世纪初期的德国包豪斯艺术运动之际，即在伊顿教授等人的倡导与主持下创立了系统的学术框架。作为一门横跨自然与人文两大知识范畴的综合学科，色彩构成所涵盖的内容及其宽广，本章内容从揭示色彩客观成因的物理学知识、反映色彩视觉规律的生理学知识、系统介绍色彩的属性与色彩创作的美学知识、及色彩的常见来源与改造过程入手，引导学习者简明扼要的领悟色彩的科学与艺术的本质和规律。

┃ 思考与练习 ┃

1. 分析色彩构成中不同的视觉现象在设计领域中应用的案例。

2. 分析色彩构成的三属性在设计领域中的应用案例。

3. 提交一份《色彩对比与调和在建筑设计中的应用》的分析报告，包括以下几个方面。

（1）色彩构成中不同种类对比在建筑设计中是如何运用的。

（2）在案例中设计师进行色彩调和的地方有哪些。

（3）是否存在不合适的色彩，若存在请说明原因。

（4）最少阅读 10 本关于色彩构成的书籍。

要求：内容紧凑，结构合理，不少于 500 字。

┃ 实训课堂 ┃

实训课题 1 色彩三属性的推移练习

1. 明度推移练习：使用一种颜色进行明度推移。明度推移的色阶要超过 12 色阶。

2. 色相推移练习：在相应的图形上表现色相渐变的视觉效果，色相推移色阶要超过 12 色阶。

3. 纯度推移练习：使用一个纯度较高的色相向中性灰色进行推移变化，纯度推移色阶要超过 10 色阶。

4. 综合推移练习：制作一幅颜色综合推移习作。表现方法不限；颜料要做脱胶处理；平涂色彩，要均匀、平整，色与色之间不留缝隙，边缘线工整，图面干净。

实训课题 2　色彩搭配练习

1. 调色练习：选择 24 色相环中的原色、间色、复色进行临摹调色，要求调出的色彩尽量接近色卡颜色。

2. 配色练习：制作同类色、邻近色、对比色和互补色关系的对比设计。

实训课题 3　色彩心理构成设计（色彩联想训练）

用色彩表现不同情感的"城市印象"。工具和材料不限，宽高不小于 20cm。

实训课题 4　明度对比构成设计

选择一幅简单的图案，运用 9 种调式进行明度对比练习。宽高不小于 10cm。

实训课题 5　纯度对比构成设计

针对色彩的纯度关系，分别制作鲜调的强、中、弱对比习作；中调的强、中、弱对比习作；灰调的强、中、弱对比习作。宽高不小于 10cm。

第四章

立体构成

COMPOSITION
OF BUILDINGS

- 了解观察立体、把握立体、创造立体的方式方法；
- 学习立体构成的基本元素——线、面、块的表现形式；
- 学习立体构成在物体形态中的组合关系及表现手法。

【 本章导读 】············

　　我们生活在以各种形态构成的三维世界中，从自然界的日月星辰到山川河流，从建筑到日常生活用品，都属于三维物质形态，也就是我们通常所说的"立体物"。每一个立体物都有其独特的形状，这就是该物体的三维形态。立体构成就是要研究立体物造型的基本规律，认识并运用立体设计的基本原理，掌握其造型的基本方法，进而认识立体设计中的形式美规律并加以发挥和创造。

第一节　立体构成的概念

一、立体构成的含义与分类

立体构成是在三维空间内研究空间立体形态的规律和构成法则，其主要任务是探索形态的本质和造型的逻辑结构，揭示立体造型的基本规律，对造型的基本要素——线、面、块进行组合，构成新的立体形态。

立体构成通过材料、结构将形态制作出来。立体构成只要变化一下材料，就可成为产品，它已被广泛地应用于工业设计、展示设计、环境设计、包装设计、广告设计、建筑设计等领域。

根据分类的依据，立体构成可分为不同的类型。按照构成对象的不同，可分为人工立体构成和自然立体构成。按照物理特征（材料）的不同，可分为点材构成、线材构成、面材构成、块材构成、光构成，以及它们的综合构成。

按照对空间或实体的侧重性来分，可分为实体构成和空间构成。实体构成强调造型本身的外观特征和形式美感，而空间构成则更强调实体之间的空隙以及空隙之间的连贯关系。

按照具体目的划分，可分为纯粹构成和设计构成（目标构成）。纯粹构成强调抽象的形式美感的表达，没有任何功能或具体设计要求的指向，而设计构成则是指具有一定目标指向的构成创意设计。

二、立体构成的特征

立体构成是一门研究在三维空间中如何将立体造型要素按照一定的原则组合成富于个性美的立体形态的学科，是对实际的空间和形体之间的关系进行研究和探讨的过程。空间的范围决定了人类生存与活动的世界，而空间又受占据空间的形体的限制。艺术家要在空间里表述自己的设想，自然要创造空间里的形体。立体构成的探求包括对材料形、色、质等心理效能的探求和材料强度等几个方面的研究（如图 4-1 至图 4-3）。

▼ 4-1
▼ 4-2
▼ 4-3

图 4-1　立体构成形的研究
图 4-2　立体构成色的研究
图 4-3　立体构成质的研究

1. 视觉基本特征

立体构成属于典型的人工造物范畴，是非常重要的三维设计基础训练课程，把握立体构成的训练方法和造型特征是很有必要的。立体构成的基本特点是：以实体占有空间、限定空间并与空间一同构成新的环境、新的视觉产物。归纳起来，立体构成的视觉特征有如下五个方面。

（1）形式构成。立体构成以抽象形式语言按照美的规律进行造型的加工，作品追求的是抽象的形式美感，即形式特征。

（2）三维特征。立体构成是以基本几何形（块）塑造具有长、宽、高三围尺寸的立体造型，即三维特征。

（3）空间特征。立体构成是以点、线、面、块等最基本的几何元素实体来塑造的抽象立体形象，这个立体形象是处于空间中的形象。换言之，立体和空间是同时并存的，因此具有空间特征。

（4）材料特征。立体构成的造型是通过实体的材料来完成的，即材料特征。要求制作者具备把握材料来完成造型的能力。材料的选择和加工设备、加工工艺等要保证造型能准确地表达最初的创作设想。

（5）设计特征。立体构成作品是从抽象造型审美向观念设计拓展的半设计作品，或者说构成设计是专业设计流程中的前端部分。事实上，构成作品本身具有一定的设计感或设计特征。

2. 环境特征

在环境条件中，最为活跃的因素有光、色彩、明暗、距离、大气等，这些因素会影响构成的视觉判断。其中，光线和色彩是构成形态的必要因素，它们不仅是视觉辨认的主要媒介，也是形态作用于人们生理、心理机能的因素。

3. 形态特征

我们常说的对象物，主要是指其形态。而形态的内在本质因素主要指形态自身所具有的机能、结构、组织、内涵等，这些都是物体外在现象成立的条件因素。

第二节 立体构成的审美感知

一、立体构成的视觉感知

1. 视觉量感

视觉量感包含两部分内容：物理量感和心理量感。物理量感是指形态的大小、数量和质量等物理特质，其认识方式较直接，易于理解。而心理量感是充满生命力的形体内在的运动变化在人们头脑中的反映，其认识方式较为间接和主观。有时我们能从一组雕塑作品中感受到坚固、沉重或速度感，这些都是基于日常生活体验而产生的视觉心理感受。

康定斯基认为："我们在塑造形体时，所注重的不仅仅是外面的形态，而是存在于内部的那些力之所在。"因此，一件艺术作品，无论外面的装饰多美，若不能给我们以力的感受，就不能称之为一件好的艺术品。在众多形体中，球体、圆柱体、圆锥体、立方体等形体通常被认为是单纯形的代表，因为各方面受力均衡，所以给人单调的感觉，如果增加若干变化，就会使造型充满表现力。

2. 视觉现象

视觉和触觉将相关信息输送到大脑，再与大脑中所储存的经验结合在一起，最终融合成完整的"主体"形象。从不同角度观察主体，可得出不同的形体。形体大致可分为几何形、自然形、偶然形和不规则形。形体之间的组合必然要有各种各样的差异性，巧妙利用差异性可破除单调、求得变化。

3. 视觉重点

所谓视觉重点是指立体构成中需要突出和强调表现的要素。在设计中，构成可以是由单一的或者若干的要素组成，每一要素在整体中所占的比重和所处的位置，都会影响到全局。如果我们不分主次，没有重点，那么次要的东西将喧宾夺主，造成人们注意力的分散。审美心理学中指出，"审美最重要的特点就是指向性。即在每一瞬间，运用相应的感官（视觉或听觉），注意特定的对象，同时离开其他对象"。

二、立体构成的奇特性

1. 形体的奇特性

人们或许有过这样的感受，新奇独特的对象要比司空见惯的对象更引人注意，例如久居的居室经过重新装修和调整后，会给人以新颖感，仿佛开始了新生活。心理学家指出："在单调重复的对象刺激下，人的注意力往往会迟钝起来，难以产生心理反应，新颖奇特的对象则会促进人脑神经系统的兴奋，激发强烈的注意力。"打破固定形象、结构、材质模式，寻求新的兴奋点，一直是立体构成研究的重点。

2. 材料的奇特性

在科学技术迅猛发展的今天，新的材料和技术也随之不断被发现，已经影响到立体构成的结构和形式问题。日本建筑学家山本学治认为："不仅人有个性，材料本身也有特性，善用其个性，其变化也无穷。"我们在构成中需巧妙运用新的材料，这会带给造型设计奇异的效果。

3. 技术组合的奇特性

在进行造型设计时，应突破传统材质的束缚，采用新颖的材料，不断创造出具有新生命力的作品。在一个新形式脱颖而出时，可能并不完美，但会给人耳目一新的感觉。

三、立体构成的美感要素

1. 单纯化元素

用简单的构造去创造形态——简洁化（构成要素少，构造简单，形象明确肯定），要求各种因素均要形态单纯。单纯的形体最方便机械加工、批量生产，成本也比较低。实现单纯化，通常采用减弱、加强及归纳等手段进行组合处理。

2. 秩序化元素

所谓秩序，是指变化中的统一因素，即部分和整体的内在联系。正如音乐如果没有秩序就没有旋律，文学因语言秩序不同而传达不同的思想。从宇宙到生物一直到原子，其内部无不存在着自然的秩序。因此，造型可以说是赋予了形态要素新的秩序。秩序的形式法则有对称（广义的）、比例、节奏等。秩序的实质就是生命活力的运动表现。

3. 稳定化元素

人类从古至今不断从自然中受到启示，通过社会实践证实了物体只有符合稳定的原则，才能使人感觉到安全与舒适。例如古埃及的金字塔一直被人们称为建筑中稳定的典范。稳定分实际效应的稳定和视觉心理的稳定。实际效应的稳定是指物体符合重心规律，材料有一定强度，结构牢靠。视觉心理的稳定是指视觉上和心理上的平衡与稳定。

第三节　立体构成的构成要素

一、线的构成

1. 线元素

线在立体构成中有着各种形式美的表现，也有着丰富的视觉传递信息。几何学上的线只有长度和方向，没有粗细，是无数点的聚集。在立体构成中，线是相对长度上的立体形态。线能显示连续的性质，线的不同组合排列方式构成了不同形态的面和体。在立体构成中，线的形态有粗细、长短、曲直、弧折之分；材质感觉上有软硬、刚柔、光滑与粗糙的不同；断面又有圆、扁、方、棱之别；从构成方法看，有垂直构成、交叉构成、线框构成、转体构成、扇形构成、曲线构成、缠绕构成、自由形态线的构成等（如图4-4）。

2. 线在立体构成设计中的应用

在立体构成中，常用到的线材会因为质感的不同，给人不同的心理感受。例如，金属丝、玻璃条、塑料管、尼龙绳等人工材料给人冰冷、理性、工业化的感受；棉线、藤条、木条、毛线等给人柔和、感性、轻松的感受（如图4-5至图4-6）。

▼ 4-4   ▼ 4-5   ▼ 4-6

 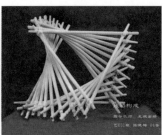 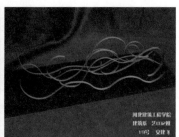

图 4-4　线的构成

图 4-5　木条材质

图 4-6　金属材质

二、面的构成

在立体构成中，面的形成是多样的：点面积的扩大可以形成面，线的运动轨迹可以形成面。面的构成在造型艺术领域或在现实生活中随处可见。

1. 面元素

以往人们倾向于厚重的立体形态，无论是雕塑、家具还是建筑，都喜欢有厚重感的造型。随着时代的发展，目前人们更喜欢轻盈、明快的造型。例如，建筑的门窗变宽，大量采用玻璃，使内部明亮；家具及其他器物也使用较轻的材料。在造型中，线与面发挥着重要作用。随着材料的发展，面材成为最主要的造型材料，面材的质感赋予了造型轻快的感觉。

2. 面在立体构成设计中的应用

在立体构成中，面大致可分为平面和曲面，继而可分为规则面和不规则面。将平面压模成各种有机形曲面，这种造型具有空间的灵活性和虚空性，既可被制成具象形态方面的作品，也可发挥抽象方面的表现力，成为更多层次的视觉艺术作品（如图 4-7）。

图 4-7　面的构成

三、块的构成

1. 块元素

块是形态设计最基本的表达方式之一，是具有长、宽、高（厚）三维度的量块实体。块具有连续的表面，可表现出很强的量感。块通常给人以充实、稳定之感。块的构成的基本方法有分割和积聚，将这两种形态混合应用于空间形态造型中的手法最为常见。

（1）块的分割。块的分割（如图4-8）是指被分割的形体与整体造型之间的关系。它们之间的关系主要体现在分割的线性和分割量这两方面。

（2）块的积聚。分割和积聚是相互联系的，积聚是以被分割的单位元素为前提，包括各种变体（如渐变形、相似形）及其相互关系的变化。这种块的组合形式关键在于追求邻接的各表面相贯穿或嵌合的效果，其结构更紧凑，整体性更强（如图4-9）。

2. 块在立体构成设计中的应用

在学习了立体构成的基本元素，即线、面、块之后，不难发现立体构成存在于生活的方方面面，小到生活用品，大到雕塑建筑（如图4-10）。

▼ 4-8

▼ 4-9

▼ 4-10

图 4-8　块的分割
图 4-9　块的积聚
图 4-10　块在设计中的应用

第四节　构成要素的视觉关系

运用线、面、块等形态要素，可以设计出无限多的立体，而无限多的立体要素是可以解析的。在设计过程中，除了对形态要素的把握外，还应着重考虑构成要素之间的视觉关系。

一、主从关系

任何立体要形成鲜明的形象，必须具备主旋律。也就是说，在立体的创造中，要形成明确的主从关系，即明确哪一个要素是主要的、处于主导地位、统领立体的形象；哪一个要素是次要的、处于辅助地位、用于烘托形象。只有分清了主从关系，才会形成明确的形象。

1. 主要的

在立体中，主要因素决定了形态，其构成必须具备以下条件。

（1）最大的要素是指在形体中占主要地位的要素，即形、轴、空间等。

（2）居于主要位置的要素是视觉的中心点，它确定了形的主题性。

（3）要有最有趣、最富戏剧性的角色，即在空间构成中能形成一个趣味视觉中心点。

2. 次要的

这是指形体中接近主要因素的要素。增强主要要素和次要要素之间的对比，可突出形体的特征。主要要素和次要要素置于同一位置，会比分离放置好。

3. 从属的

从属要素必须能够同主要要素和次要要素相关联，而不仅仅是一个摆设。它可以使构成更加统一，形象更加突出。缺少它，要素之间的联系就会中断。

二、比例关系

比例关系包含内含比例、比较比例和全面比例三种。

内含比例是指单个形体内部所含的比例，即长宽高的比例。比较比例是指一个形与另一个形相比较而形成的比例关系，我们通过比较比例来强调形体的特性，即形的性格，如瘦和胖的形在视觉上相互衬托。全面比例是指一群形体的比例关系，是从整体上认识形与形之间的比例关系，就如同看形体的剪影一样。

三、平衡关系

平衡是指所有力量达到一种均衡状态。视觉上的平衡并不只限于客观上完全对称的平衡，还包括心理上感受到的平衡。平衡可分为不安定平衡、相依平衡、独立平衡和张力平衡。

1. 不安定平衡

一个芭蕾舞演员直立脚尖跳舞，不安定中又透露着平衡。若将这种舞蹈动作减速播放观看，就可以看出舞者在瞬间的平衡姿态。这种仿佛随时要倾倒的平衡，就是不安定平衡。

2. 相依平衡

当一群或一个构成要素需要另一个或另一群构成要素进行组合，使其在视觉上让人感到具有结构性平衡时，就形成了相依平衡。

3. 独立平衡

与相依平衡相反，当一个要素不需要其他构成要素的支持就可以维持平衡，就称为独立平衡，垂直的或水平静态的构成就是很好的例子。

4. 张力平衡

张力平衡是指线、面、块等构成要素轴线之间无形引力相互平衡的状态，这种状态使人在心理上感觉各种构成要素能够相互吸引。张力平衡也可延伸到色彩、明度、质感等设计要素中。

四、空间关系

1. 实空间

实空间就是看得见的、有形的造型要素的轴向所经过的空间。这里的轴向是指体的主干。我们要尽量让每一个要素拥有自己的位置和轴向，这样就会有较立体的空间变化，避免单调、乏味的同方向的轴向。

2. 虚空间

两个平面之间的空间就是虚空间，它可扩展到体、线等其他构成要素上。张力跨越无形的空间，使构成要素彼此相互牵引，虽然在物理上不相连，但在视觉上强有力地相互吸引。

五、互衬关系

能够彼此调和的对比关系，称为互衬关系。面对一群不同的形态，要使设计调和是比较困难的。这时不能依靠要素之间的类似性来使设计调和，而必须借助互补性对比来达到调和的目的。如果要加强某个要素的力量，就必须把它放入与它本身相异的环境中，使其通过互衬对比加强其要素构成力。

| 本章小结 |

立体构成同平面构成、色彩构成一样，是训练学习者造型能力的一门基础课程。它侧重训练学习者的空间想象力、直观判断力、造型感觉力、多向思维能力，以及在此基础上对立体造型的创新能力。本章的根本目的在于让学习者掌握立体造型设计的各种规律和方法，培养创造和发掘关于形态的思维方法，并懂得如何在实际设计中融会贯通，创造出美观合理的形态。

| 思考与练习 |

线、面、块的综合构成训练

要求：用线材、面材或块材之中的任何一种构成形式来做一件单体构成，材料不限，主题不限，表现技法不限。块体构成建议用纸做。要求形态元素构成准确、制作完整、构图美观、构思巧妙。

尺寸规格：300*300*500mm 或 200*200*400mm

| 实训课堂 |

用线做实体框架练习

提交一个线体框架组构的空间造型。使用材料不限、表现手法不限。要求构思新颖。

第五章

构成要素

COMPOSITION
OF BUILDINGS

- 了解形态的概念及分类；
- 掌握形态特征并运用到设计中。

　　形态是世间任何事物存在的形式，是事物形态构成的结果。可以说，我们看得见、摸得着、感知得到的一切事物都以形态的形式存在着。宇宙中的天体、星球、陨石，世间的山川河流、花草树木、亭台楼阁，甚至显微镜下的细胞单体、微生物，以及水分子、金属离子等，都是可见的形态，也称为现实形态。此外，我们人类的大脑和内心会产生例如第六感、幻想、心有灵犀、心灵感应等一系列不可触摸的感知，也就是我们通常所说的"只可意会不可言传"，这类形态可以用内心去感觉、去体会，但是看不见摸不着，我们把这种形态叫作非现实形态。由此可见，形态基本可以定义为一种能够被人直接或间接感触到的形体。

　　在构成设计中，形态的变化是关键点，是一个构成设计能否达到最佳效果的掌舵者。充分利用好感觉对形态变化的影响这一特点，抓住受众的好奇心，在不违反形态美规律的原则上，对各种形态进行适当的错觉诱导，不仅可以达到使作品增加趣味感和神秘感的效果，还能提升其在同类作品中的视觉冲击力。

第一节　形态要素

一、形态的概念

在构成中，形态不等于形状，它是指物体的整个外貌，是由无数个角度、体面形成的形状所构成的一个完整的概念体。如果对自然界各种形态详加注意，从微观到宏观，还涉及造型与环境之间的空间形态关系。世间万物都具有自己的形态。形态按属性可分为自然形态、人工形态、抽象形态三种，其中，自然形态和人工形态可以合称为现实形态。

植物、山川河流等自然事物，这些形态是天然的，不是人为制造的，可称为自然形态。而人类为了满足物质文化需求，从自然形态中提炼出来的形态就是人工形态，如日常生活中我们所看到的建筑、日用品、艺术品等。抽象形态是在自然形态及人工形态中提取并重新加以组合的形态，这时它已不具有明显的自然形态和人工形态的特征。

二、形态的分类

形态可分为自然形态和人工形态，而人工形态又可分为具象形态和抽象形态。

具象形态模仿自然的基本形态，是造型的初级阶段。模仿不等于照搬，它含有创造的成分，许多人工形态的产品都是通过模仿性的创造而产生的。如模仿植物形态的家具造型（如图5-1）、模仿动物形态的陶器等。这些模仿自然的形态经过变形、夸张、秩序的加工，产生了不同的具象形象：一类是具有装饰性和秩序美的造型，另一类是质朴、具有原始美的造型。

抽象形态是在自然形态的造型模仿之上再度提炼和简化而形成的形态，是具象形态的升华，是人类对美的追求心理的一种新的思维方式，属于造型的进一步阶段。抽象形态可以是点、线、面自由构成的抽象造型（如图5-2），也可以是规则的造型形态。

▼ 5-1

▼ 5-2

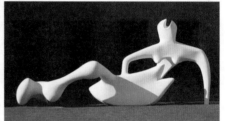

图 5-1　具象形态
图 5-2　抽象形态

第二节　视觉要素

▼

在建筑构成中，视觉要素包括建筑的表皮及颜色带给人的视觉感受。随着审美观念的不断改变，建筑表皮的视觉文化也在不断改变。

一、建筑表皮

建筑表皮是指建筑的外部空间界面，以及其展现出来的形象和构成方式，它也是建筑内外空间界面处的构件及其组合方式的统称。

建筑表皮无论是材质还是形式，都有一定的排布规律，所以具有一种强烈的韵律感，就像是一串优美的音符，令人陶醉。

表皮是建筑的保护层。一般情况下，建筑表皮包括除屋顶外建筑的所有外围护部分，它不仅定义了内部空间，也定义了相邻的外部空间。优秀的建筑表皮是"建筑的名片"（如图5-3）。

图5-3 优秀建筑表皮作品

二、颜色

建筑是人们为了满足社会物质和精神生活的需要，在既定的自然条件和社会条件下，通过对空间的限定、组织和改善而创造的人为生活环境。建筑设计的颜色说白了就是房子的色彩，在现代建筑设计中，利用色彩固有的视觉效果改善和加强建筑造型的整体性，已成为建筑设计中必不可少的手段。建筑的色彩表现在与光源、投影、材料以及环境特性的众多关系中，其搭配是个不可忽略的问题。如图5-4，这些色彩搭配方法值得设计师借鉴和学习。

建筑的色彩设计始终与建筑的造型相关。造型对色彩有一定的具体要求，而色彩又以其特有的功能和调节作用赋予造型强烈的个性特征。因此，建筑造型离不开色彩的表现，形与色是相互影响、相得益彰的（如图5-5）。

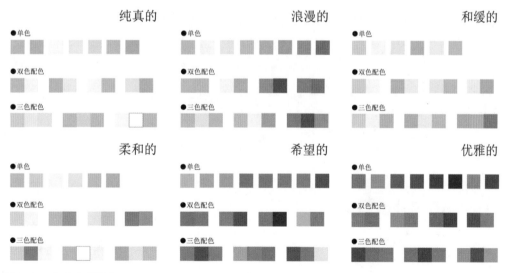

图5-4 建筑色彩搭配

▼ 5-5

◀ 5-6

图 5-5　不同造型的建筑的色彩表现
图 5-6　建筑层次的色彩表现

建筑造型的意义，不仅仅在于满足人们的实用功能，还应满足人们的审美需求。建筑环境的色彩设计同时具备了这两项功能。一方面，建筑色彩的实用性在于它符合建筑的功能要求，并具有鲜明的识别、标志作用。在陌生的环境中，人们可以借助色彩在建筑上的标志作用寻找地点。另一方面，建筑色彩突出了建筑的装饰性。

此外，色彩还可以丰富建筑的空间层次，特别是建筑立面造型显得单调或构造单一的建筑，更需要利用色彩的特性获得丰富的色彩空间层次，弥补造型的不足（如图 5-6）。

第三节　结构要素

一、物理空间结构

物理空间结构是实体所限定的空间。空间是物质存在的广延性，即物质存在的形式。空间和物质一样，是不依赖人的意识而存在的客观实在。空间和物质是不可分离的，没有脱离物质而存在的空间，也没有独立于空间以外的物质存在。

空间是由物质的三个维度——长、宽、高组成的。这里所说的"空间"，不是一般意义上的空间维度的组织，而专指限定性空间形体的创造。要把虚空变为视觉形象，首先必须进行物理条件的限定。通过限定，才能从无限中构成有限，使无形化为有形。

二、心理空间结构

心理空间即空间感，其本质是实体向周围的扩张，这是人类知觉产生的直接效果。由于人的参与而形成的环境不仅是自然发生的环境，还有所谓的文化环境——以具体人、具体时代的宇宙观、世界观和社会观为基点而创造的"世界"。所以，空间创造是多样的、多元的，大致可分为两个领域，即空间应满足人们的物质需求和精神需求，进而具有维护自身形体存在的牢固度。

心理空间是实际不存在但能感受到的空间，这就是所谓的空间感，它是人们受到空间信息和条件刺激而感受到的空间。

第四节　材料要素

一、材料的概念

材料是构成的物质基础，它融于形象的整体表现中，是表达视觉语言的载体。对物质的认识和对材料的合理应用可以帮助我们更好地传达出深藏于作品表象之中的韵味与意味，使作品与受众的主观世界相契合，产生精神共鸣。

随着科技的发展，新材料、新技法不断涌现，每一种材料都有自身的特性，为设计师带来无限的想象力，给设计的新颖多样性提供了更多的可能，随之也带来了新的审美观。新材料不仅丰富了设计语言，也对传统的设计观念产生了极大的冲击。充分利用物质材料，不断探索材料的新颖性也成为设计师的新挑战。

材料决定了构成形态的结构、质感、肌理、色彩等心理效应，也决定了加工手段、工艺、连接方式与连接强度。我们了解材料是为了探讨怎样使材料表面状态通过人的视觉和触觉产生心理效应，以及达到这些效应所需要的技能。对材料的理解是为了构筑有生命力的立体形态。

二、具体材料在建筑中的应用

1. 木材在建筑构成中的应用

木材一般可分为天然木材和人造木材两大类。

木材有良好的强度，能承受冲击、震动、重压，有一定的弹性，加工方便，不需要太复杂的机械设备。木材经过加工，成为胶合板，提高了外观的美感和材料的均匀性，具有耐久性、防潮性等性能。木制品可以回收再利用，是良好的绿色材料。

木材给人和蔼可亲、质朴敦厚、温厚柔顺的感觉，极具亲切感、安全感、古朴感，尤其是符合了中国"天人合一"的理念。此外，木材的自然气息使它成为表现自然主题的主要材料（如图5-7）。

图 5-7　木材在建筑中的应用

2. 石材在建筑构成中的应用

石材是人们用于建造立体与空间的常用材料，如大理石、花岗岩、青石、红砖等。石材给人坚硬、浑厚、高贵等感觉。石材有华丽的花纹和美丽的色泽，光泽表面给人冰冷之感，粗糙无光的表面给人质朴、自然之感（如图 5-8）。

图 5-8　石材在建筑中的应用

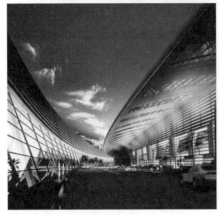

图 5-9　金属在建筑中的应用

3. 金属在建筑构成中的应用

金属是一种传统材料，具有质地坚硬、韧性良好、外观富有光泽、能反光等特性。金属非常牢固、强度高、不易破损、不透气，能防潮、防光，具有较强的保护性。同时，它有良好的延伸性，容易加工成形，制造工艺成熟。在钢板上镀锌、锡、铬等，能有效地提高抗锈能力。

金属表面的特殊光泽，能增加外观美感，获得刚直、现代、华丽、时尚的视觉效果。金属表面可以精致细腻，也可以粗犷豪放，是表现手法非常丰富的材料（如图 5-9）。

4. 塑料在建筑构成中的应用

塑料自 20 世纪初问世以来，成长为一种变化多端的材料。它衍生出上千种特性与用途，已发展成为除纸以外应用最广泛的材料。塑料是一种人工合成的高分子材料。它是一种多性能、多品种的合成材料，满足了我们日常生活的多种需求，为我们提供了新的物理特性和应用上的便利，并且满足了我们在视觉和精神上的需求。

塑料具有良好的物理性能，具有一定的强度和弹性，抗拉、抗压、抗冲击、抗弯曲、耐折叠、耐摩擦、可防潮。它还具有良好的化学稳定性，耐酸碱、耐油脂、防锈蚀。塑料本身很轻，能节省运输费用，属于节能材料。

塑料具有良好的可加工性，便于成形，而且样式丰富，可制成薄膜，也可作为发泡材料。

塑料还拥有良好的透明性和丰富的表面效果，具有极强的装饰性，它可以是温润、光洁、柔和的，也可以是刚硬、坚韧、粗糙的（如图 5-10）。

5. 玻璃在建筑构成中的应用

玻璃给人的主观感受，可以像钢铁一样坚硬，也可以像丝绸一样柔软。它透明、坚硬、美观，是一种万能材料。今天，人们赋予玻璃更多令人惊叹的形态和加工方法，使它拥有出乎意料的用途。

玻璃作为传统建筑材料之一，以其优良、独特的个性适应着现代设计的各种新的需求。它的透明性和反射性使视觉形象能够相互渗透，产生若隐若现的美感，给人清秀玲珑、晶莹剔透、朦胧神秘之感（如图 5-11）。

图 5-10　塑料在建筑中的应用

图 5-11　玻璃在建筑中的应用

第五节　文化要素

一、文字符号

说起文字符号，我们大多首先想到的是汉字符号。说到汉字符号，就不得不提象形符号，因为象形符号是汉字的雏形。随着象形符号的演变与发展，逐渐出现了金文、小篆等字体，最后逐渐发展成现在的汉字。即使在现在的设计中，也常常会运用这些符号来表达设计思想。

如图 5-12，通过简单的线的弯曲变化、简单的线与线的组合，简洁明确地表达出人物

▼ 5-12

▼ 5-13

▼ 5-14

图 5-12 篆书与图形的结合

图 5-13 汉字和图形的结合

图 5-14 简单图形的排列组合

的动态含义。再如图 5-13，汉字和图形的结合，字与字之间寻找共通的线组成面，整体中有变化，变化中又有统一。

虽然远古时期的人们还未开始注重审美，更没有构成这门课题，但已经有了通过这些符号的排列方式来表达美的思想的意识。如图 5-14，这块石头上的图案虽然没有现代汉字的影子，但已有了简单的图形的排列组合。

符号传递着人类的情感、愿望和理想，不但表现过去、现在和未来，还传达出一种理想的世界。因而，符号是一种有着人类意义的系统结构。建筑师的实践将不断证明，符号探索的途径将朝着人类的共同愿望发展，代表大众的理想和愿望。可以断言，符号在建筑上的广泛应用，将是一种不可逆转的趋势。

二、生活方式

1. 汉族的生活方式在构成中的体现

汉族是中国人口最多的民族，从古至今的汉族建筑中，最为典型的是北京故宫。故宫的建筑特点离不开"宏伟"二字。那么构成在故宫的建筑中是如何体现的呢？

（1）对称均衡性

在故宫建筑中，最明显的构成应用应属对称性的构成形式的应用。对称是故宫总体的布局形式，以中线为中心，左右呈对称分布。这样布局的好处在于凸显庄严雄伟的气氛，使建筑整体充满庄重、唯帝王独尊之感。

故宫作为一个完整的建筑群，建筑形式除对称外，还非常均衡，其中的每座建筑物都是在一条由南到北的中轴线上展开的。整个建筑群的中心是高大的太和殿，以此为中心由南向北伸展，并沿南北中轴线向东西两侧展开（如图 5-15）。

图 5-15　故宫的对称匀衡性

（2）节奏性

节奏是指通过有规律的变化和排列，利用建筑物的墙、柱、门、窗等有秩序的重复出现，产生一种韵律美或节奏美。正是在这一点上，建筑和音乐具有共同之处，因而人们把它们分别看作是凝固的音乐和流动的建筑。著名建筑学家梁思成先生就曾专门研究过故宫的廊柱，并从中发现了十分明显的节奏感与韵律感：从天安门经过端门到午门，就有着明显的节奏感，两旁的柱子有节奏地排列，形成连续不断的空间序列。

故宫的建筑分为外朝和内廷两部分，中、东、西三路。这三路是紫禁城的左右规划骨架。其中，起主导作用的是纵贯南北的中路轴线。作为紫禁城主体的"前三殿"和"后三殿"就坐落在这条轴线上。这条轴线又是北京城全城轴线的高潮区段。如此处理充分体现了"天子择中而居"的思想。

东路、西路各建筑群之间没有明确的轴线关系。大体上是以中路轴线为依托，采取均衡构图手法布局的。它的规划者巧妙地把散落在东西两路的、彼此用高墙隔开自成天地的几十个大小院落并联或串联成一个有机整体，节奏感油然而生（如图5-16）。

2. 少数民族的生活方式在构成中的体现

中国的少数民族有55个，各有各的生活方式，我们以回族建筑为例来分析其生活方式在构成中的体现。

（1）线的应用

在回族建筑体上，多处简单、流畅的线条

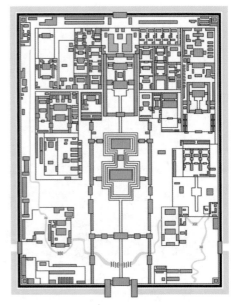

图 5-16　故宫平面图

组合在一起，形成一幅幅生动灵活的图案。如图5-17，通过对曲线的应用以及重复的构成

图 5-17　回族建筑中线的应用

图 5-18 回族建筑中面的应用

手法，使建筑增添了不少灵动气息，建筑看上去不再死板。廊柱的并排排列，像一条条笔直向上、粗壮有力的竖线，撑起整个建筑，平添了垂直感。

（2）面的应用

回族的建筑在色彩上多选用白色。大面积的白色，使面与面紧密结合在一起，形成一个整体的面块。门、窗也可以被看作一个个独立的面，因为它们都是以简单的几何图形为主，没有多余的装饰，使建筑富于变化的同时又不失整体感（如图 5-18）。

| 本章小结 |

一个物体造型的色彩、材质、结构等特征不仅是通过视觉来感受的，还要用我们的感官去触及、感知。这些因素反映了物体的内在性质和结构等特点，同时由于时间、外在介质等间接因素，同一个物体造型的色彩、质地等会发生相应变化，人们的思想感情等对于这些因素的感知也起到了一定影响。在现代设计中，形态要素愈发成为塑造一个造型的关键所在。

｜思考与练习｜

选择一种材料，对建筑进行表皮设计。要求如下。

（1）需做出实物。

（2）形态元素构成准确，制作完整，结构设计合理，构思巧妙。

尺寸规格：不小于 300*300*500mm

｜实训课堂｜

结合本章所学知识，对自己所居住的建筑的表皮进行色彩搭配。要求如下。

（1）必须有配色图（电子版）。

（2）配有设计说明。

第六章

建筑构成
的原则

COMPOSITION
OF BUILDINGS

〖 学习要点及目标 〗············

- 掌握建筑构成的原则；
- 熟练运用建筑构成原则，使之在自己的设计中得以运用。

〖 本章导读 〗············

　　建筑设计是将平面构成、立体构成及色彩构成融于一体的设计。因此，要设计出好的建筑作品，必须遵循其构成原则。而建筑的构成原则无非是运用一系列设计手法，使建筑看起来美观、适用，符合大众审美。

　　人类最初对美的认识来源于自然界的均衡、对称、和谐、韵律等。人们在长期的社会实践活动中总结了这些符合美感的形式美法则，然后运用这些形式美法则进行艺术设计。设计应该遵循形式美法则，尤其是建筑设计，讲求表现内容的形式美。

第一节 变化与统一

一、变化

人眼的灵活转动以及人类生命体永不休止的运动本质，决定了人总是喜欢不断变化的事物。变化与统一是形式美的总规律、总法则。

变化是指由性质相异的要素并置在一起所形成的差别与对比。这种变化是以一定规律为基础的，无规律的变化会导致混乱和无序。变化是一种对比关系。自然界中的物体多种多样、变化万千，它们以不同的形、色、质、量和运动形态存在着，因此多样变化是客观事物固有的规律。艺术形式中的变化因素很多，如造型形态中的大小、曲直、纵横、高低、宽窄、斜正、方向、黑白、明暗、色调、疏密、虚实、开合等，都可以形成变化与对比。此外，质地、材料以及技法的多样性，也会给视觉艺术带来变化。

图 6-1 变化在设计中的应用（1）

图 6-1 变化在设计中的应用（2）

设计讲究变化，在造型上讲究形体的大小、方圆、高低、宽窄等的变化；在色彩上讲究冷暖、明暗、深浅、浓度、鲜灰等的变化；在线条上讲究粗细、曲直、长短、刚柔等的变化；在工艺材料上讲究轻重、软硬、光滑与粗糙等的变化。以上这些对比因素处理得当的话，能使设计给人一种生动活泼、富有生气之感（如图 6-1）。反之，过分变化容易给人杂乱无章感。

二、统一

统一是指由某种性质相同或类似的形态要素并置在一起形成某种一致性或一致性的感觉。统一并不是使多种形态单一化、简单化，而是使它们的多种变化因素具有条理性和规律性。

客观事物虽然万象纷呈、千差万别，但它们又是相互联系、相互作用、相互依存的，这说明统一性是客观事物的固有属性。统一性还是有主次、有重点的法则和有秩序的组织。在造型艺术中，统一性给人的感觉是和谐、协调、完整、完美。美国建筑理论家哈姆林指出："一件艺术品的重大价值，不仅在很大程度上依靠不同要素的数量，还有赖于艺术家把它们安排统一。换句话说，最伟大的艺术家，就是把最繁杂的多样变成最高度的统一。"

图 6-2　统一在设计中的应用

统一是规律化的协调关系。图形设计讲究有条不紊、协调统一。但不可过分统一，否则会使作品呆板、单调、乏味、无生气。

统一是求同存异。无论建筑设计还是风景园林设计，都是由不同的局部所组成，这些部分之间既有联系又有区别，只有将其按某一规律有机地组合成一个整体，这才是统一。

统一又总是和变化同时存在的，变化即是各组成部分之间的区别。变化常运用对比、重点等形式的规律进行构成设计。利用几个不同的组成部分之间的相互邻接来产生变化，可丰富造型、增强形体感觉、激发作品情趣。而统一是加强组成造型的几个部分之间的内在联系，使之具有一致的特征。

变化与统一是同一事物矛盾的两个方面，二者之间是相互对立而又相互依存的整体关系。变化体现了各个事物的个性及其相互之间的矛盾差异；统一体现了各个事物之间的共性和整体联系。这种对立统一的因素存在于自然界的一切事物之中，也被应用于各种设计之中（如图 6-2）。

第二节　对比与和谐

一、对比

对比是指在同一画面中，形与形之间、色与色之间及图形与背景之间由性质相对的因素产生的一种比较状态，进而形成一种紧张感、刺激感，强调出不同元素的个性特点。把不同的元素组合在一起，通过互相比较，使每个元素的特点更加突出，形成更为明显的对比效果，这就是对比的目的所在。

对比是反映矛盾的一种状态，是取得统一与变化的重要手段之一。对比是在差异中趋

图 6-3 建筑设计中的造型对比

图 6-4 建筑设计中的色彩对比

向特异，是把鲜明对立的东西并列在一起，使人在鲜明对比中看到变化，感到醒目、振奋、活跃。

差异性显著的对比元素之间互相衬托，能更加突出各自的特点。对比是矛盾与差异构成的，它指两个以上有差别的要素放在一起所显示的对照、比较，进而形成强烈、鲜明又富有统一感的整体效果。任何事物很难单独存在于环境中，总是在与其他事物之间相互对比中显示其作用的。

对比的形式有很多，对形、色、线、方向、位置等加以变化，都可以构成对比。这种对比可使建筑设计、风景园林设计等空间设计的效果更加生动、活泼、个性鲜明（如图 6-3 至图 6-4）。

二、和谐

和谐与对比相反，是由视觉上的近似要素构成的。例如图案设计中的线、形、色以及质感等要素的相同或近似所产生的一致性，往往使图案具有和谐宁静之感。和谐是反映矛盾的另一种状态，是取得统一与变化的另一重要手段。和谐是在差异中趋向协调，是把近似的东西并列，使人在微小的变化中看到统一，感到融合、协调。

调和是指在不同事物中，强调其共同性的因素，使事物之间协调化。调和强调对比双方

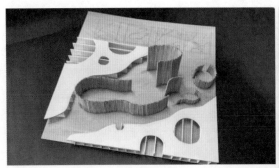

图 6-5 和谐在设计中的应用（1）

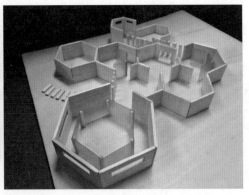

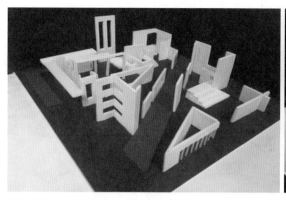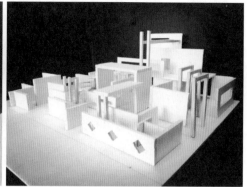

图 6-5　和谐在设计中的应用（2）

所拥有的共有的、近似的特征，使双方彼此接近，产生协调关系，从而起到过渡、中和的作用。

　　只有对比，没有调和，形态就显得杂乱无章；而只有调和没有对比，形态又显得呆板、无生气。因此，把握对比与调和是研究的主要方向。使对立的双方达到相辅相成、相得益彰的效果，才可达到对比中的和谐效果（如图 6-5）。

第三节　对称与均衡

一、对称

　　对称是以中轴线为基准，左右或上下为通行通量，完全相等的形态。也是指两个或两个以上的单元形在一定秩序下向中心点、轴线或轴面构成的一一对应的现象。

　　在自然界中有许多对称现象，例如动物身上的纹样、植物的叶子等（如图 6-6）。生物中的对称是为了保持生物体两侧的重力平衡，是生理上的需要，属于生命活动所必需的条件。人们在欣赏这类形体时，视线在两边之间来回游移，最终视点落在形体的中间点。对称形式美往往会带来满足感、安定感等愉悦的视觉享受，其特点是整齐、统一、具有极强的规律性。

　　对称，是造型空间的中心点两边或四周的形态相同而形成的稳定现象，包含左右对称与辐射对称两种基本形式。左右对称以一个轴为中心，在其两边相对位置的形态必须完全一致，是安定而静态的。辐射对称以一点为中心，在它四周的形态依一定的角度作放射状的回转排列，在安定中蕴含着动感。由对称方式所形成的平衡，给人以庄重、严谨的感觉。

对称形式与人的视知觉活动密不可分。从格式塔心理学的观点来看，人在心理上具有使不完整的形状呈现完美，使倾斜的形态转正，使不对称的形式平衡等倾向。对称被认为是组织得最好、最有规律的一种完型，所以对称形态在视觉上有自然、安定、均匀、协调、整齐、典雅、庄重、完美等美感，符合人们的视觉习惯（如图6-7至图6-10）。

▼ 6-6

▼ 6-7

▼ 6-8

▼ 6-9

▼ 6-10

图 6-6　自然界中的对称现象
图 6-7　对称在家具设计中的应用
图 6-8　对称在室内设计中的应用
图 6-9　对称在产品设计中的应用
图 6-10　对称在平面设计中的应用

对称形式在古代建筑艺术中常被应用。按对称构成的严谨程度，可分为绝对对称和相对对称两种形式。

绝对对称是在中心点、轴线或轴面的两边或各个组成部分的造型、结构和色彩完全相同的对称形式，具有庄严、稳定、整齐、秩序等视觉特点。同时，它具有形态在组合关系中"动"的因素和趋向于打破平衡的形式特征（如图 6-11 至图 6-13）。

相对对称是指在绝对对称的形式中有少部分的形状或色彩有一定变化，并不完全一致，体现为在差异中保持一致的特点。这种形式的对称仍然具有稳定感，但相对于绝对对称来讲，更为灵活一些（如图 6-14 至图 6-15）。

▼ 6—11

图 6-11　绝对对称式建筑 圣彼得大教堂广场
图 6-12　绝对对称式建筑 天坛

▼ 6—12

▼ 6-13

◀ 6-14

▼ 6-15

图 6-13　绝对对称式建筑 故宫
图 6-14　相对对称式建筑 古罗马斗兽场
图 6-15　相对对称式建筑 苏州博物馆

二、均衡

物理学中，平衡器两端承受的重量由一个支点支撑，且当双方获得力学上的平衡状态时，被称为平衡。在视觉形式上，不同的色彩、造型和材质等要素在不同的空间位置上将引起不同的重量感受，如能很好地调节到安定的位置，就能产生视觉上的均衡状态。

均衡是对称的变体，它不受中心点或中轴线的限制，没有对称的结构，但有对称的重心。均衡是形态不规则、无序和动态感在视觉上的统一。对称是以静感为主导的平衡，指以对称轴为表现，中心线左右或上下的形态呈现出同形、同量，完全对应重合的构成形式。均衡则是以动感为主导的平衡，保持以心理感受为依据的知觉平衡。如图形的聚散、线条的穿插等，都是均衡的构成形式。

在设计均衡构成时，其元素并非是实际分量均等的关系，而是根据各元素的形状、大小、轻重、色彩及材质的分布与视觉判断所产生的平衡。均衡是画面构成在静止和运动之间建立起来的一种平衡。均衡的结构富于动感，具有生动活泼的表现特征，呈现变化丰富的动态美，如人体的运动、鸟的飞翔、野兽的奔跑、风吹草动、流水激浪等，都是平衡的形式。通常我们把均衡分为重心的均衡和方向的均衡两种形式。

重心的均衡是在对称的基础上由形的对称发展延伸为力的平衡，它关系到形象的重心和动势等因素（如图 6-16）。

图 6-16 建筑设计中的重心均衡

图 6-17　建筑设计中的方向均衡

在日常生活中，打破对称的平衡现象是很多的，比如用一只手提起盛满水的水桶，由于一侧重力的增加，重心必然要向中心方向转移，身体很自然地要向相反方向倾斜。这种方向的均衡关系就与力的变化方向有直接关系（如图6-17）。

第四节　节奏与韵律

一、节奏

节奏是音乐术语，指音乐中交替出现的有规律的强弱、长短现象。节奏也可以指运动中一段一段的跳跃。与强烈的运动相比，表现生命的活力常用到有节奏感的表现手法。在日常生活中，节奏形式普遍存在，如人的呼吸、心跳、时钟的滴答声、昼夜交替、潮起潮落等。这种节奏的规律性给人一种平稳、持久、单纯的心理感受。

音乐的三要素是节奏、旋律与和声。音乐的主题性和节奏表现与设计相同，对设计元素的节奏的理解在某种程度上也是对抽象世界的感性理解。

在造型领域里，节奏往往表现在点、线、面、体块等因素的结构关系中，主要指造型元素的形、色、质地、肌理、光影、距离、方向等按一定秩序进行重复、渐变、交替，以获得高低起伏的变化。节奏是规律的重复。在设计作品中，基本形的反复出现可产生空间的节奏感，具有韵律美和机械美（如图 6-18）。

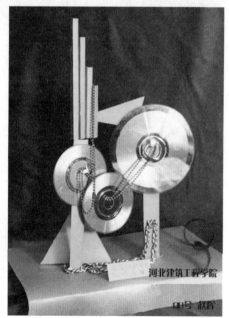

图 6-18　节奏在设计中的应用

二、韵律

韵律是节奏的变化形式，原指诗歌的声韵和节奏。在诗歌中，高低、轻重、长短的音组合在一起，通过匀称、间歇式的停顿，相同的音乐重复，句末、行末利用同音、同韵、同调的音来加强诗歌的音乐性和节奏感。

在设计中，韵律常与节奏同时出现，通过有规则地重复变化、对比处理，使之产生音乐、诗歌般的韵律感，运用得好就能增强作品的艺术感染力和吸引力。

在建筑设计、风景园林设计等空间设计中，若想营造出节奏和韵律的感受，需要设计者去体会各种视觉要素的不同节奏与韵律的变化（如图 6-19）。例如颐和园内昆明湖上的十七孔桥，桥孔从小到大再从大到小，形成了一定的韵律感（如图 6-20）。韵律具有下列几种形式。

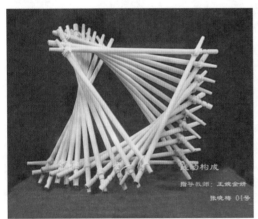
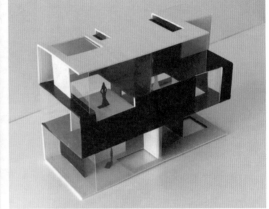

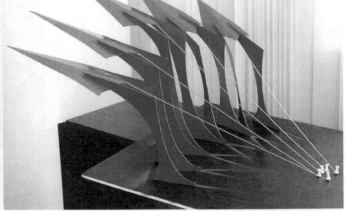

图 6-19　韵律在设计中的应用

▶ 6-20

▶ 6-21

▶ 6-22

图 6-20　十七孔桥
图 6-21　重复韵律
图 6-22　交错韵律

（1）重复韵律：色彩、形态、肌理、材质等造型要素做有规律的间隔重复，重复的韵律易创造视觉连贯性并加强视觉效果（如图 6-21）。

（2）渐变韵律：造型要素按照一定规律渐次发生变化，如形态大小渐变、方向渐变、位置渐变、厚薄渐变等。渐变会在视觉上产生一种自然扩张或收缩的感觉（如图 6-20）。

（3）交错韵律：造型要素按照一定规律做有条理的交错、相向旋转等变化，这种韵律

▼ 6-23

▼ 6-24

图 6-23　起伏韵律
图 6-24　特异韵律

动感较强，易产生生动活泼的效果（如图 6-22）。

（4）起伏韵律：造型要素做高低、大小、虚实的起伏变化，这种韵律较为活泼并且极富动感（如图 6-23）。

（5）特异韵律：造型要素在有规律的变化中寻求突破，力求产生新奇感（如图 6-24）。

第五节　比例与尺度

一、比例

比例是指造型或构图的整体与局部、局部与局部、整体或局部自身的高、宽之间的数比关系。比较有代表性的就是"黄金分割"，它被公认为最美的比例，众多知名建筑就是其典范，如帕台农神庙（如图 6-25）。

比例法则是一种处理部分与部分之间或部分与整体之间量度的美感法则。比如在整体形式中相关要素的条件，如长短、大小、粗细、厚薄、浓淡、强弱、高低、轻重等，在搭配得当的情况下，能产生美的比例效果。比例是决定事物整体美的重要元素，也是构成各单位之间匀称、和谐关系的重要因素。任何一种艺术造型和构图，都应有一定的比例关系。

▼ 6-26

图 6-25　帕台农神庙　▲ 6-25

图 6-26　不同尺度的建筑设计

二、尺度

尺度原指物体的尺寸与尺码，有时也用来表示处事或看待事物的标准。在建筑构成中，尺度是指建筑物局部或整体与某一固定事物相对的比例关系。

尺度通常又指引入一个常用的事物作为标准，对物体进行相应的衡量，确立形体整体与局部、整体与环境、形状与用途相适应的程度（如图 6-26）。美国建筑美学家哈姆林曾经把建筑尺度分为自然尺度、超人尺度、亲切尺度。自然尺度是指个人与建筑的关系而言；超人尺度主要运用于大型纪念物的修建；亲切尺度主要是指建筑物或房间与周围的环境相比，部分构件或整体尺寸相对较小，使人产生亲切的感觉。

｜本章小结｜

优秀的设计包含"实用"和"美观"两大要素，尤其在建筑设计中，更是离不开这两大要素。变化与统一、对比与和谐、节奏与韵律等原则，无论如何应用，最终目的都是为了体现建筑的美。

｜思考与练习｜

运用统一与变化、对比与协调、比例与尺度、节奏与韵律、对称与均衡五种形式美法则，完成作品各两张。

尺寸规格：25*25cm

｜实训课堂｜

实训内容：设计一个建筑实体。

要求：至少用到两种构成原则，并对设计的实体进行设计说明。

- 掌握三大构成在建筑设计中的常用手法；
- 学会运用构成手法来分析建筑中的构成应用。

【 本章导读 】············

  建筑的造型，无论是形态的选择、肌理的表现，还是色彩的选择，都与平面构成、立体构成和色彩构成有直接或间接的关联性。这种关联性尤其在形式上表现得较为充分，其次通过受众的心理感受来达到一种契合。

第一节　建筑平面构成的方法

　　建筑方案设计的基本构图，首先是从平面开始。我们在设计平面时，要把握好建筑的功能，控制好建筑和基地环境的关联作用，协调好建筑构图和功能的关系。

　　建筑平面首先要解决的是人活动的需要，此外还要符合日照、通风等物理指标和结构技术的合理性。在建筑平面造型设计中，通常的做法是几何转换，即把建筑形态抽象为几何基本形，转换为形态构成的基本元素——体、面、线、点，运用构成手法，通过形状、颜色、质感、体量和场形这五种要素的组合进行加工，形成理想的建筑平面，其构成模式大致分为几何群化模式、围绕建筑中心空间场模式两种（如图 7-1）。

图 7-1　各种建筑构成模式

一、几何群化模式

1. 组团的群化构成

　　建筑组团是指在同一个基地环境中，有相似风格或具有特定功能的建筑组合，还指一定范围内的多个建筑的组合。这些建筑在功能和形式上相互联系，互为补充。建筑组团中各个建筑单体的几何关系和平面构成中的群化构成是一致的。群化构成也被称为集团组合，它是指用若干相同或相似的基本形，通过排列组合的方式构成图形，通过这个组合图形来强化建筑设计思想，给人强烈的触动（如图 7-2）。

2. 几何重复

　　重复是平面构成常见的一种构成形式，是几何形态的构成组合，属于规律性的构成形式。重复构成是指完

图 7-2　组团的群化构成

▼ 7–3

▼ 7–5

▼ 7–4

图 7-3　组团的群化构成
图 7-4　伏克塞涅斯卡教堂
图 7-5　圣伊格内修斯小教堂

全相同的基本形在二维平面的反复排列，这种连续的重复反映在人们的视觉中，产生一种秩序美感。

重复构成的特点是严谨、稳定、节奏感强。在建筑设计中，重复的形体可以产生出独特的空间，创造出建筑形态的韵律感。重复也是一种重要的强调，通过几何体的重复，增强人们对建筑形态主体的印象（如图 7-3）。例如阿尔瓦·阿尔托设计的芬兰伊马特拉的伏克塞涅斯卡教堂（如图 7-4）内部，用活动隔墙分为三个形状大小相同的空间，三个空间可以单独使用，也可以作为一个整体使用，教堂平面看上去像一支顶部有三支翎毛的箭，三个空间的重复排列强调了箭杆的线性秩序。

3. 几何近似

近似构成和重复构成相似，也是形体的反复排列，但这种形体的大体形式相同，局部有变化和区别。近似构成在重复构成严谨、稳定的基础上增加了灵活性，容易创造出更丰富的造型和空间。

在建筑设计中，完全相同的重复形体会使人产生审美疲劳，近似强调统一之中的变化美，可以创造更加丰富的视觉效果。例如斯蒂芬·霍尔设计的西雅图大学圣伊格内修斯小教堂，巧妙地运用了近似构成的手法，整体集中式的教堂被屋顶隔墙分成了七个形状、方位各异的四边形天窗空间，教堂内部的人会随着位置的移动而感受不同的光影变化和顶部空间体验，而近似的四边形空间又使得整个建筑体现出大方、朴素的风格特点（如图 7-5）。

4. 几何连接

几何连接是指将几何形体相互连接而基本几何轮廓并不发生改变的构成手法。在建筑设计中，建筑群中建筑和建筑之间的连接、建筑室内空间的相互连接、建筑室内空间和室外空间的连接、在旧建筑的扩建改造设计中新旧建筑的衔接等，都大量应用了几何连接手法。建筑设计中连接的应用，大部分是以连接体的形式存在的，廊空间在现代建筑中的功能包括交通功能、交往功能、创造多层空间的功能等。

例如，路易斯·康设计的理查德医学研究中心的平面是相互连接的六个长方形，设计师巧妙地把工作、实验、管理、办公等功能分布在五个塔楼里，把核心服务区安排在中心的最大的塔楼内。这种设计摆脱了传统的集中式方盒子的做法，创造性地提出了"主空间"和"辅空间"的概念（如图 7-6）。

5. 几何分割

在平面构成中，分割就是把整体分成部分。按照图形分割的方法，可以把分割分为等形分割、等量分割、自由分割等，它们的共同点就是分割后的单元体能够重新组成一个整体，有时会对单元体加以取舍，以产生活泼自由的感觉。

建筑设计中的几何分割以自由分割为主，分割线往往作为建筑空间的分隔界限，或作为中庭，以便将光线引入室内，或者作为交通空间来安排。

分割手法中最重要的两点是分割线的设计和分割单元体的取舍。建筑通过分割可以产生丰富、灵活的空间形态效果（如图 7-7）。例如，马里奥·博塔惯用的建筑手法是几何线条和中心对称，瑞士比安达园厅住宅（如图 7-8）是体现其建筑设计思想的代表作品。整个建筑呈圆柱形，外立面装饰有灰色的面砖，整个住宅沿中心被一个裂缝切开，在屋顶的裂缝位置布置天窗，自然光线从窄缝导入建筑内部，一层的裂缝作为建筑的主入口。

▼ 7-6　　▼ 7-7　　▼ 7-8

图 7-6　理查德医学研究中心
图 7-7　分割在建筑设计中的应用
图 7-8　比安达园厅住宅

二、围绕建筑中心空间场模式

平面构成中的渐变构成、发射构成和特异构成，均是带有对比趋向性的视觉形态，都是通过对构成元素的形状、大小、方向、位置、色彩、肌理的对比和排列组合，来加强对具体形象中的某个中心的刻画和表现，从而获得强烈的围绕中心空间的形态感觉。建筑设计中运用渐变、发射聚焦、特异手法，可以使人们的感官体验不仅仅局限于形态的大小比较和对空间位置的认知，还会在观赏的同时体验到静止和运动、平衡和倾覆、平静和动荡等深层次的感受。

1. 等级渐变

渐变现象是日常生活中常见的视觉感受。街道两旁的路灯从远到近、从小到大就是典型的渐变。渐变的视觉效果具有强烈的透视感和空间延伸感。

阿尔瓦·阿尔托设计的沃尔夫斯堡文化中心（如图 7-9）就是成功运用了渐变构成的实例。五个近似矩形的会议室和讲堂面向市政厅的广场，逐渐从小到大沿着扇形依次展开，形成不断起伏的韵律，增强了广场空间的聚合感和层次感。此外，这种形体大小的渐变也有利于屋顶天窗的采光。阿尔瓦·阿尔托的这种渐变手法同样体现在他设计的沃尔夫斯堡教区中心（如图 7-10）上，三个矩形教堂和会堂围绕广场，呈扇形渐变展开，突出了广场的主体地位。

2. 发射的聚焦模式

平面构成的发射构成具有两个特性：聚焦性和动势性。

平面图形的焦点位于中央，也可以偏于一侧，运动的方向从四周向中心或从中心向四周扩散。发射构成的形式有很多，根据焦点的形状、位置和数量的不同，可以分为中心式、同心式、移心式、螺旋式、向心式和多心式等。

在建筑设计中，很多建筑平面都运用到了发射构成，通过发射构成的两个特性——聚焦和动势来表达建筑基地环境的某个聚焦点或某个方位。发射构成中相互交叉的发射线使建筑形态呈现强烈的动态感，起伏的变化更是增加了建筑的空间层次感。此外，发射

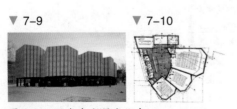

▼ 7-9　　▼ 7-10

图 7-9　沃尔夫斯堡文化中心
图 7-10　沃尔夫斯堡教区中心

构成特有的规律性和秩序感可以营造出建筑形态的韵律感和节奏感。

例如，詹姆斯·斯特林设计的牛津女王学院学生宿舍的建筑平面，类似一个只有五个边的八角形，五个梯形房间围绕中心庭院呈放射状分布，所有房间都朝向这座建筑的中心焦点——庭院里的圆形剧场（如图7-11）。路易斯·康设计的多米尼加修女会会堂中间的五个正方形的会堂，运用了螺旋式构成的手法，每个会堂沿着螺旋形放射展开，从内到外，由小到大，旋转的动势效果更加强调了建筑的中心庭院（如图7-12）。

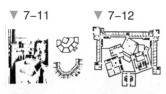

图7-11 牛津女王学院学生宿舍
图7-12 多米尼加修女会会堂
图7-13 群马美术馆

3. 特异效果的运用

特异构成是指基本形在排列中有意地违反秩序和规律，使其少数基本形显得突出，以形成视觉的焦点，达到"万绿丛中一点红"的效果。特异构成的少数基本图形通过形状、大小、位置、色彩等方面的变化来形成明确的差异对比，构成画面的焦点。

在建筑设计中，为了突出强调某个方位或空间的重要性，经常采用特异构成这种画龙点睛的手法。例如，矶崎新设计的群马美术馆（如图7-13）的平面是由大小相同的正方形水平和竖直排列而成的，这种排列使建筑物充满整齐的秩序感，但设计师在正方形排列的末端插入了一个旋转了22.5°的正方形，这个正方形正好坐落在基地的水池上，这种大小、位置的特异安排，有利于强调其作为艺术品展厅的重要地位，同时增强了建筑形态的悬浮和穿插效果。

第二节　建筑色彩构成的方法

色彩在建筑中的应用必不可少，其中灰色调越来越受到设计师们的青睐。高级灰神秘

图 7-14　运用了高级灰的建筑

高贵、深沉静谧，不露锋芒地在主流时尚界占据了一席之地。在设计师眼里，它的高雅气质无可比拟，它是集柔和、平静、稳重、和谐、统一于一体的，不强烈、不刺眼、无冲突。高级灰给予人冥想之感，刺激较强的空间可在灰色调的抚平下变得相对静谧（如图 7-14）。

高级灰的色彩搭配方法主要有：明色调与明灰调的组合；暗色调与暗灰调的组合；纯色调与中明调、明色调的组合；浊色调与中灰调的组合等。

一、明色调与明灰调的组合

明色调与明灰调的组合形式（如图 7-15），搭配方法是：明色调与明灰调均为高明度色彩关系，以强调高调子、弱对比关系为调性特征，特点为清淡、柔美、温文尔雅的少女色彩。

在建筑设计中，可以使用明色调和明灰调进行立面的配色设计（如图 7-16）。在室内设计中，设计师喜欢用高级灰与粉色搭配（如图 7-17），或是与玫瑰石英粉搭配（如图 7-18），使空间充满时尚感和温暖感。

▼ 7-15

▼ 7-16
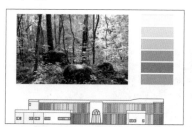

▼ 7-17

▼ 7-18

图 7-15　明色调与明灰调的组合形式
图 7-16　明色调与明灰调的应用
图 7-17　高级灰与粉色的搭配
图 7-18　高级灰与玫瑰石英粉的搭配

二、暗色调与暗灰调的组合

暗色调与暗灰调的组合形式（如图 7-19），搭配方法是：暗色调与暗灰调均属暗色系色彩，深暗灰暗的色彩组合是以强调暗调子、弱对比关系为调性特征，特点为古雅、深沉、雄厚、冷漠。

在建筑设计中，可以使用暗色调与暗灰调进行立面的配色设计（如图 7-20）。这种组合方式在室内设计中常运用的颜色搭配是高级灰与绿色（如图 7-21）。当深青色作为空间的强调色时，卧室中一些重要家具，如床、床头柜以及床品可以使用深青色，而背景色可以选择高级灰。

▼ 7-19

▼ 7-20

图 7-19　暗色调与暗灰调的组合形式
图 7-20　暗色调与暗灰调的应用

图7-21　高级灰与绿色的搭配

三、纯色调与中明调、明色调的组合

纯色调与中明调、明色调的组合形式（如图7-22），搭配方法是：纯色调与清色系色彩组合，同类色关系的弱对比组合。以强调浓烈的色味感为调性特征，特点为清新、风雅、爽朗、青春。

在建筑设计和规划总平图中，常可以使用纯色调与中明调、明色调组合的配色设计（如图7-23）。这种组合方式在室内设计中常运用的色彩搭配是高级灰与黄色搭配（如图7-24）。在黄色的映衬下，使得整个空间更显高雅、华贵，人们置身其中，可以尽情享受优雅、奢华的时光。

▼ 7-22

图7-22　纯色调与中明调、明色调的组合形式

图7-23　纯色调与中明调、明色调的应用

▼ 7-23

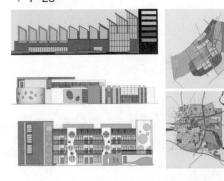

▼ 7-24

图 7-24 高级灰与黄色的搭配

▼ 7-25

图 7-25 浊色调与中灰调的
组合形式

四、浊色调与中灰调的组合

浊色调与中灰调的组合形式（如图 7-25），搭配方法是：浊色调与中灰调均属中明度色彩关系，以强调中调子、弱对比关系为调性特征。特点为浊色调色相感较强而不艳，中灰调色相感弱而含蓄，两组色配合既有色彩感又显得朴实、稳重。

在建筑设计中，可以使用浊色调与中灰调进行立面的配色设计（如图 7-26）。这种组合方式在室内设计中常运用的色彩搭配是高级灰与蓝色（如图 7-27），内敛沉静的暗色与色泽明艳的亮的色调对比，如同拨开云雾之后的浩瀚苍穹，这样波澜壮阔的空间感带给我们无限的遐想空间。

▼ 7-26

▼ 7-27

图 7-26 浊色调与中灰调的立面配色
图 7-27 高级灰与蓝色的搭配

第三节　建筑立体构成的方法

一、直面体构成法

这一构成法的视觉特征，是以界直平面表面来构成形体或以直面、直线为主构成形体。明显的转折面、挺拔的棱边，明晰、单纯、有力、理性化，是人造物的普遍特征（如图 7-28 至图 7-30）。

▼ 7-28

▼ 7-29

▼ 7-30

图 7-28　包豪斯校舍
图 7-29　伊利诺伊理工学院克朗楼
图 7-30　范斯沃斯住宅

▼ 7-31

▼ 7-32

▼ 7-34

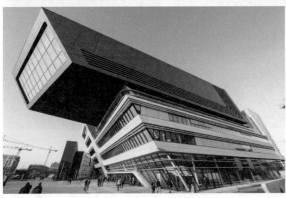

▲ 7-33

► 7-35

图 7-31　上海世博会国家电网馆
图 7-32　丹麦奥尔胡斯现代艺术博物馆
图 7-33　维也纳经济大学图书馆和学习中心
图 7-34　维特拉消防站
图 7-35　美国国家美术馆东馆

　　造型的思维方法：第一，确定形体的空间状态，传达意念与个性特征、形象识别与记忆，如体量感、空间感。第二，确定外形特征及内外空间塑造，即运动状态是静态还是动态；平衡状态是对称平衡还是非对称平衡；结构形式是联合、交错还是套叠、分离、构型等。第三，处理空间层次，利用分割创造新形体、三度空间特征，以此确定视觉效果的强与弱。第四，整体造型协调统一，处理好三视面的过渡衔接与对应，使整体紧凑规整（如图 7-31至图 7-35）。

二、曲面体构成法

　　这一构成法的视觉特征，是以曲面或曲线来构成形体，具有活泼、自然、多变、优美、个性、优雅、柔和的特点，并富有生命力、流动感和节奏韵律感。

造形思维方法：第一，选择弹性适度的曲面，如抛物线形、椭圆曲线、流线形、人体瓜果曲线形。第二，不断改变曲面的方向与位置，产生节奏变换，强化曲线的流动感和节奏感，彰显生命活力，并使外形强弱有度。第三，端点连续，增加交叉面和转折面，以增强空间层次感及视觉效果。第四，强化主方向，外形单纯化。第五，做软硬线角处理，增强力感美及视觉效果（如图 7-36 至图 7-42）。

▼ 7-36

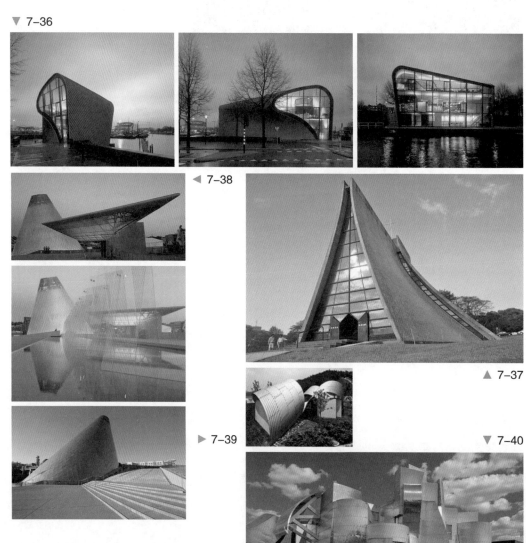

◀ 7-38

▲ 7-37

▶ 7-39

▼ 7-40

图 7-36　荷兰阿姆斯特丹建筑中心
图 7-37　路思义纪念教堂
图 7-38　美国塔克玛玻璃艺术博物馆
图 7-39　日本兵库县公园管理处
图 7-40　明尼苏达大学艺术博物馆

▼ 7-41

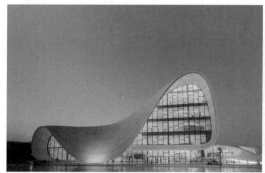

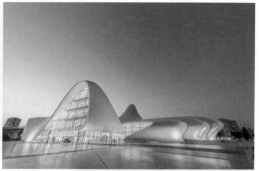

图 7-41　盖达尔阿利耶夫中心

图 7-42　罗马千禧教堂

▶ 7-42

第四节　建筑空间构成的方法

　　建筑空间构成的方法包括建筑空间构成的理性化延续、建筑空间构成的自然性描摹、建筑空间构成的非理性解构。

　　1. 建筑空间构成的理性化延续

　　这一方法严格遵循几何逻辑，将某些元素组织起来构成一个母体，通过有秩序的重复来实现建筑空间的构成（如图 7-43 至图 7-44）。

图 7-43　罗马当代艺术中心

图 7-44　美国空军学院教堂

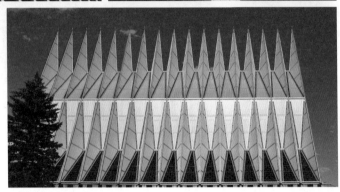

2. 建筑空间构成的自然性描摹

这一方法是指建筑空间构成可以通过对自然的模拟（如模拟自然界的景物、动物等一切自然界的形态）来塑造建筑空间（如图 7-45 至图 7-47）。

▼ 7-46

◀ 7-45

图 7-45　法国朗香教堂

图 7-46　法国里昂机场

图 7-47 国家体育场（鸟巢）

3. 建筑空间构成的非理性解构

这一方法是指建筑空间构成强调不稳定性和不断变化的特征，惯用分解及组合的空间形式来表现，同时通过衍生、加减等手法表现空间的分离、缺少、不完整（如图 7-48 至图 7-50）。

▼ 7-48

▼ 7-49

▼ 7-50

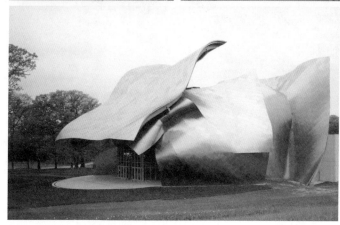

图 7-48 欧洲联盟议会大厦
图 7-49 东京工业大学百年纪念馆
图 7-50 理查德·B·弗希尔表演艺术中心

| 本章小结 |

随着社会的发展，建筑设计不仅讲究美观、舒适，更讲究与周围环境的融合。在建筑设计的构成中离不开三大构成的方法。因此，掌握好三大构成的方法在建筑设计中的应用至关重要。

| 思考与练习 |

1. 通过对著名抽象画家作品的分析，提炼其画面中的元素，进行建筑立面的设计。

尺寸规格：30cm*45cm

要求：画面构思新颖、巧妙，制作完整。

注意：主题不限，表现技法不限。

2. 通过对色彩原理的理解，提炼自然界的色彩元素，完成一张建筑配色的作品。

尺寸规格：30cm*45cm

要求：色彩搭配协调，制作完整。

注意：主题不限，表现技法不限。

3. 通过对空间的形态特征的理解，仔细发掘生活中自然界的形态元素，完成一张空间的构成作品。

尺寸规格：30cm*45cm

要求：形态准确，画面构思新颖、巧妙，制作完整。

注意：主题不限，表现技法不限。

| 实训课堂 |

实训内容：用三大构成任意一种方法制作一个建筑实体框架模型。要求如下。

（1）提交一个建筑实体的空间模型。

（2）构思新颖，使用材料不限，表现手法不限。

第八章

建筑构成的审美与心理

COMPOSITION OF BUILDINGS

- 掌握人类的审美和审美心理的构成，并了解二者的由来；
- 掌握建筑形态以及从建筑角度形成的人类审美心理差异性；
- 掌握建筑色彩和建筑空间所构成的审美和心理感觉。

【 本章导读 】⋯⋯⋯⋯⋯

　　人类审美发展与人类自身社会发展是息息相关的。到现阶段涉及设计和艺术的方面都是人类审美发展的产物。本章介绍了人类的审美和审美心理的构成，以及二者的由来，由此扩展到建筑形态构成对于人类审美心理的影响，如建筑色彩对人的视觉和感觉的影响。

第一节　建筑形态构成的审美与心理

形态构成的审美法则是人类审美意识的一种反映，而形态构成的构造规律是客观的，我们可以运用造型的基本知识和方法生产出符合人们审美心理的形态，并通过掌握构成的方法、规律以及提高自身的审美意识，来使我们创造出具有审美价值的建筑形态。

一、形态的视知觉

建筑形态与视觉有着密切的关系。建筑设计通过形、光、色等方面来表达建筑的质感、色感和空间感，展现建筑的形象。人类通过视觉感受建筑形象，识别建筑的尺度、距离、立体轮廓、明暗、色彩、光泽、肌理等。

在形态视觉美的发展过程中，以及在人类不断探索视觉审美的过程中，对于人自身思维技能的属性与规律，以及怎样对形态进行美的设计，格式塔心理学与美学的研究对这个问题给出了更为客观和科学的解释。

1. 视知觉的完形心理

格式塔心理学是西方心理学主要流派之一。格式塔，德文是 Gestalt，中文译为"完形"，强调形态的完整性。格式塔心理学又称完形心理学，强调知觉的能动作用，认为各种形态在空间中的关系是相互影响的有机整体。对人的感知而言，形态的特征并不存在于它的组成部分中，而存在于经过完形过程产生的整体中。大脑将信息整理和组织，才能形成知觉。

格式塔心理学的"完形说"认为，视觉感知的过程是一个"物理—生理—心理"的综合过程。心理现象是人脑对客观现实能动性的体现，包含了人的认知过程、意志过程。视觉不是对元素的机械复制，而是对有意义的整体结构样式的把握，是一种积极的理性活动。

格式塔完形心理理论认为，平衡是人类视觉所追求的最终状态。在人的知觉活动中，有一种自发地将感知对象进行组织和简化的倾向。当人看到一些残缺的形时，心理上会追求一种平衡以改变在探索中的紧张心情。

格式塔心理学把形分为三种：一是简单、规则、对称的形，如正方形、三角形、圆等，会使人产生极为轻松的心理反应；二是复杂而不统一的形，这些不完整或不稳定的形，使人感到紧张、不舒服；三是复杂而统一的形，它们被认为是最成熟、最完善的形，是简化且具有丰富变化而又多样统一的不完全规则的形。

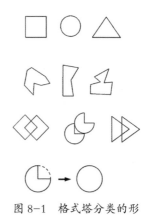

图 8-1　格式塔分类的形

这样的形呈现于人眼前，由于知觉完形的趋向作用，会引起视觉追求完整、简化的活动，知觉组织形成一个将它补充或还原到应有形态的过程，而这一过程遵循了一系列原则，如简化、近似、类似、图底、闭合等（如图 8-1）。

2. 视知觉的基本特性

在视觉心理学理论中，视知觉有很多特征，与建筑形态联系较为紧密的有单纯性、方向性、光色性和力能性。

（1）单纯性

视觉的简化原则使人在观察建筑时，首先捕捉的是简单、肯定的几何外形，把握形态整体的主要特点（如图 8-2）。如果建筑形态中出现体量分散、重点分散等现象，就会给视觉的单纯性带来干扰，使观察者难以把握总体，形成不了中心和重点，从而显得缺乏秩序，容易造成混乱感。

由于视觉追求单纯性，相似的形态在视觉上会出现群化现象。视觉的群化是指视觉具有将类似、接近或对称的形态感知为整体的倾向。群化是大脑把分散的因素通过视觉组织起来的一种方式。由于各个部分之间在形状、大小、颜色、方向等方面存在相似或对比，并且各部分的间距较小、空间感弱、实体感强，所以才能联系起来形成整体。视觉的群化包含接近性、相似性、同向性、连续性和封闭性五种形式（如图 8-3）。

▼ 8-2　　　　▼ 8-3

图 8-2　视觉的单纯性
图 8-3　视觉的群化

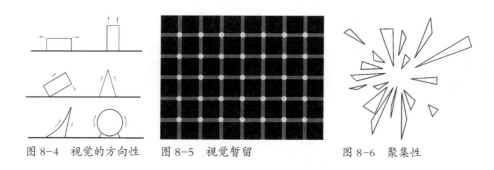

图 8-4 视觉的方向性　　图 8-5 视觉暂留　　　图 8-6 聚集性

（2）方向性

建筑形态的长短、高低、线条的组织都是由视觉的方向性来判断的。如图 8-4 所示，不同的形体带来不同的方向感。而同一个空间、同一个形态，由于线条方向的不同，会产生不同的视觉效果。

（3）光色性

视觉能够感知光亮和色彩，它不需要特别的引导和控制，总是会被吸引到视野范围内的亮处。高彩度、高明度和闪烁的光能够引起人的注意。

视觉的暂留现象（如图 8-5）、视觉的震颤效应会使视觉产生闪烁、流动和不安定感。视觉暂留会使人感到白线的交叉点处出现若隐若现的灰色点。

（4）力能性

某些形态在视觉上会产生运动和方向的感觉，构成力感和动感，这就是视觉力能性的反映。它是由形态引起的心理上的力，形状、位置、色彩、空间和光线等因素都会诱发心理力。重力和方向所形成的平衡感是主要的影响因素。

视觉的力场、方向性不同，在心理上会形成不同的力感，表现出不同的紧张程度。当人看到不同的视觉形式时，会在心理上产生方向性、聚集性（如图 8-6）、流动性、张力、引力等不同的力的感受。

二、形态构成的基本规律

1. 简化与统一

视觉的单纯性促使人将丰富的内容与多样化的形式组织在一个统一结构之中，使视觉获得一定的秩序。整体形态若想获得统一，构成的各元素之间应该有一定的接近性、方向性、对称性、闭合性、连续性等。

▼ 8-7　　▼ 8-8　　图 8-7　图与底
图 8-8　运动感

2. 区别与对比

形态的大小、曲直、虚实、形状、色彩、肌理等，会有丰富的微差与对比，从而呈现出事物的多样性。区别通过若干因素之间的差别，可以将表现单一的形态加以区分。

3. 图底与主次

形态的图底转换能否反映主次和先后层次，取决于图底关系。在建筑形态处理中，要善于考虑图底关系，要有主有次，不能模棱两可。图和底之间可以相互转换，即一部分图形既可以前凸成为图，也可以后退成为底（如图 8-7）。

4. 运动与联想

形态刺激人产生的视觉力感、方向感和动感，给形态增加了动态性。视觉上的联想是由于人看到的形态与记忆中的某一事物相同或相近，因此激发了想象。人会因个人经历和所处环境而产生不同的联想（如图 8-8）。

三、现代主义审美的内涵及其对建筑的影响

现代主义从绘画等领域开始实践，将客观物质世界的实体对象分为点、线、面等最基本的构成要素，并探索这些基本要素之间的组合关系对审美体验的影响，努力寻求一种能够超越地域、民族、文化背景的美学风格。

"精致、简洁、标准化"是现代主义的审美标准，适用于所有与机器生产相关的设计领域，如建筑设计、工业设计、服装设计和家具设计等。

"精致"是指机械加工的表面处理工艺精度很高，加工出来的材料的表面平整度、光洁度、反光效果非常良好。

"简洁"是指经过加工的材料和生产出来的产品一般比较规则，线条比较平直流畅、易于识别（如图 8-9 至图 8-10）。从视知觉的角度来讲，"简洁"指的是整体感，即必须使对象的各个组成单位之间有关联性，这样眼和脑才能把各个单位加以组合，使之成为一个视知觉上易于处理的整体，才有利于进行识别和记忆。

▼ 8-9

▼ 8-11

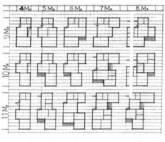

图 8-9　卢浮宫扩建工程
图 8-10　瓦西里椅
图 8-11　模数化社会住宅图
图 8-12　盒子住宅

▲ 8-10

▲ 8-12

　　"标准化"是指生产出来的构件和产品的尺寸、外观、造型是一致的，可以互换。建筑设计领域内的模数制就是"标准化"在建筑设计和施工方面的具体应用（如图 8-11）。现代主义中的装配式建筑就是"标准化"的最直接体现（如图 8-12）。

四、现代建筑审美与形态构成

　　建筑作为一种独特的艺术形式，与审美观念有着密切联系。古代建筑表达的是一种具有典型意味的程式美——一种精雕细琢之美。古希腊、古罗马的柱式及其建筑组合（如图 8-13）便是这种程式美的具体体现，隐含其后的是对完美与至臻这一审美理念的追求。我国古代建筑中的开间变化，体现了"中正至尊"的传统观念（如图 8-14）；屋顶的出挑、起翘则是在排水功能的基础上对轻盈形态的艺术表达，并以"法式"或"则例"的形式固定下来，传承于世（如图 8-15）。"庭院深深深几许"这种通过建筑环境烘托和强化的诗词意境，从侧面展示出人们对传统建筑的审美情结。

　　工业时代的到来，为现代文明的发展提供了最为直接的动力，同时也引发了社会审美观念的重大改变。机器生产所表现出的工艺美对传统的手工美产生了强烈的冲击，并直接影响到建筑领域。人们从包豪斯校舍、流水别墅、巴塞罗那国际博览会德国馆等建筑中体

▼ 8-13

▼ 8-14

▼ 8-15

▼ 8-16

图 8-13　科林斯柱式
图 8-14　太和殿
图 8-15　中式古典建筑屋顶
图 8-16　包豪斯校舍

会到建筑的功能之美、空间之美和有机之美。在与现代哲学、文学、艺术等领域的广泛沟通中，现代建筑的发展更是流派纷呈：理性的与浪漫的、典雅的与粗野的、高科技的与人情味的、地方的与历史的，等等。它们呈现出多姿多彩的形态与空间艺术表现，成为现代建筑审美观念最为直接的表达方式（如图 8-16 至图 8-18）。

在当今时代，新功能、新技术、新材料的不断出现，高度发展的信息传播，环境问题的突显以及地区文化的兴起，形成了当代建筑多元化发展的大趋势、大潮流。人们不再介意建筑形式上的稳定感，而从它的不稳定之中获得了运动感或动平衡等新的体验：一个从正中"开裂"的建筑体、一个横平竖直的建筑平面中某一部分的突然扭转，会给人以特异和突变的美感（如图 8-19 至图 8-20）；建筑师可以把复杂的古典柱式、线脚与现代感十足的玻璃、金属等材料并置，使历史感与现代感融合交织（如图 8-21）。

图 8-17　流水别墅
图 8-18　巴塞罗那国际博览会德国馆
图 8-19　跳舞的房子
图 8-20　扭曲的房子
图 8-21　新奥尔良意大利广场

▲ 8-17

▲ 8-18

▼ 8-20

▲ 8-21

◀ 8-19

第二节　建筑色彩构成的审美与心理

一、建筑色彩构成审美的由来和差异

1.建筑色彩审美的由来

从建筑的角度来讲,对于一个建筑的认识,其最初的印象来源于两点:一是外形,二是色彩。这里我们着重谈色彩在审美过程中的作用。

色彩所引领的感知可以创造或引向一个独立的审美世界。在一些现代建筑中,色彩是表现建筑个性创意的重要因素。美国波特兰市政大楼(如图8-22)因其色彩运用的独特性,使这一建筑摆脱了"方匣子"的形式。建筑师在立面上采用了对比强烈的彩色瓷砖装饰成大面积的色块,又辅以色彩各异的立柱,使它在周围建筑中形成"万绿丛中一点红"的效果,成为美国后现代建筑的代表作品。法国蓬皮杜国家艺术和文化中心(如图8-23)以理性主义为特征,在纵横交错的各种管道上按功能涂上红黄蓝绿等颜色以示区别,同时在立面形成色彩的强烈对比。

故宫的设计是融合了礼制、等级与皇权至上等观念的完美载体,其建筑造型方正对称,色彩厚重有力:枣红色的宫墙廊柱、黄色的琉璃瓦、汉白玉楼台阶梯,在色彩组合上颇具玄趣(如图8-24)。如果在现实中看到类似搭配,而且尺寸、规模等类似的话,我们会再次出现庄重的心情和凝重的感觉。这便是色彩对审美主体已经形成经验的具体表现。

2.建筑色彩审美的差异性

（1）建筑色彩审美的文化性差异

中国美学和西方美学是两种不同思想文化体系下的美学,各有其社会土壤和文化环境。我们以东西方两种美学为例,来说明建筑色彩审美的文化性差异。

在古希腊,建筑色彩往往隶属于建筑的形体结构、空间、造型以及由此而产生的光影效果。古希腊和古罗马的一些城市,由于当地盛产石材,所以城市建筑大多由灰白色或黄

▼ 8-22

▼ 8-24

▶ 8-25

▼ 8-23

▲ 8-26

图 8-22　美国波特兰市政大楼

图 8-23　法国蓬皮杜国家艺术和文化中心

图 8-24　故宫

图 8-25　雅典卫城

图 8-26　罗马万神庙

褐色的大理石及花岗岩砌成，建筑外表裸露。建筑色彩以无彩为主，仅在局部的壁画或雕刻装饰部分施有彩色，再加上一两种原色对比，构成较为单纯的配色，形成了古希腊和古罗马的城市建筑环境色彩基调。由此可以看出，以古希腊和古罗马为代表的西方文化以理性美学为代表，其审美体系更加注重建筑的材料和形式，而色彩则作为营造建筑氛围的辅助因素，所以西方的建筑色彩审美偏于自然性（如图 8-25 至图 8-26）。

▼ 8-27

▼ 8-28

图 8-27　北方建筑
图 8-28　江南民居建筑

中国文明传承至今，在色彩科学方面拥有十分丰富的文化遗产。我国早在西周时期就建立了"五色体系"。色彩在中国古代不仅是一种审美意识，更蕴含了伦理内容。春秋战国时期出现了建筑色彩的等级现象，贵族们将色彩作为"明贵贱、辨等级"的工具之一。汉代在思想意识方面发展了阴阳五行的理论，运用五种色彩来代表方位。红色代表火，象征朱雀，表示南方；黑色代表水，象征玄武，表示北方；青色代表木，象征青龙，表示东方；白色代表金，象征白虎，表示西方；黄色代表土，象征黄龙，表示中央。唐朝的都城长安就用朱雀门、玄武门来称谓南北城门。而黄色象征权力，它在特定历史时期成为了皇帝的专用色。"五行说"的兴起，使色彩在建筑上的运用受到社会等级制度的约束，由此可以看出东方的建筑色彩审美偏于社会性。

（2）建筑色彩审美的地域性差异

中国古典建筑以色彩丰富、用色鲜明、设色大胆而著称于世。利用色彩来加强建筑造型，在我国古代建筑中是很常见的，如屋顶采用暖色调的黄色琉璃瓦，而檐口、斗拱等部分选用蓝色、绿色等冷色调，就是利用色彩的冷暖感、明暗感来加强建筑造型的体量、性格和表现力。

受自然环境和气候条件的影响，在我国南方地区，建筑喜欢用冷色调，而北方建筑多用暖色调（如图 8-27）。江南地区的民居建筑（如图 8-28）以黑、白、灰为主调，白墙青瓦的色彩对比，使建筑色彩显得格外清丽，与中国传统绘画有着极好的契合。

二、建筑色彩中色相的视觉心理

色彩给人的心理感受并非是一成不变的，它受制于视觉主体不同的文化传统、个人经验及所处环境。同一个人在不同的环境下对同一种色彩产生的视觉心理感受是不同的。比如，在婚礼上看到白色会产生纯洁、高贵的视觉心理，而在葬礼上看到白色则产生悲伤、忧郁的视觉心理。

不同色相的色彩给人的心理感受更是千差万别，如红色给人火焰和鲜血的视觉感受，蓝色给人海洋和天空的视觉感受。下面列举一些具有代表性的色相，并对其视觉心理感受进行概括分析。

1. 红色

康定斯基曾对红色作过如下解释："每一种色彩都可以是冷的，也可以是暖的，但在任何色彩中都找不到在红色中所见到的那种强烈的张力。"红色，作为可见光中波长最长的颜色，具有极佳的视觉穿透力和识别度，因此常被用于重点部位起强调作用（如图 8-29）。但在建筑设计中若使用不当，会给人带来紧张、刺激、野蛮等不良的视觉心理感受。如在繁华的商业区建筑中，商家常将门头或标语设计成艳红色，用于吸引消费者的注意力，使得整个商区建筑色彩显得十分混杂，非但没有达到突出效果，反而造成了严重的色彩污染。

2. 橙色

橙色的视觉心理同时具备红色的温暖感、兴奋感与黄色的富贵感、不安定感。在任何文化、历史背景下，橙色都能带给人们快乐、温馨、光明、华贵、辉煌、激情等视觉心理感受，橙色也因此成为快餐店和小型茶餐厅的常用色彩（如图 8-30）。尽管橙色对视觉的刺激要比红色低许多，但其视认性和注目性毫不逊色于红色，同样拥有加速血液循环和提

▼ 8-29

▼ 8-30

图 8-29　红色在建筑色彩中的应用
图 8-30　橙色在建筑色彩中的应用

图 8-31　黄色在建筑色彩中的应用

升兴奋感的功能，有时在建筑环境中也当做警示色彩进行设计。

3. 黄色

黄色象征希望和幸福。与色相相近的同类色进行搭配，能够使建筑色彩协调。在我国传统社会里，黄色曾作为帝王皇室的专用色。现代人对黄色的感受已远非从前，在建筑上的运用也更为广泛，但大面积使用黄色会使人产生轻浮、奢靡的视觉感受，因此要谨慎使用。黄色与金色、紫色、银色、黑色、红色搭配，会使建筑色彩给人以奢侈、华丽、富有的视觉心理感受，此类搭配常见于星级酒店、KTV 等休闲娱乐场所（如图 8-31）。

4. 蓝色

蓝色象征希望和智慧，能够给人沉静深邃、忠诚可靠的视觉心理感受，因此在建筑中十分常见。一些特殊职能的建筑场所，如电子产品、金融、汽车、教育等行业的办公场所，常使用蓝色作为建筑主体色彩，以表达其安全可靠、富有智慧的色彩心理（如图8-32）。完全由蓝色色相构成的建筑物会呈现清爽、冰凉的视觉心理感受；与中性色温的绿色搭配，能够使建筑的冷酷感降低，色调更加柔和，同时赋予建筑充满希望的视觉心理；与黑色、红色搭配则会使建筑色彩呈现硬朗的视觉心理感觉；与灰色搭配能够产生现代感，带人以朴素、简洁、时尚、雅致的视觉心理感受。在建筑中使用蓝色也要谨慎，昏暗的光线会使蓝色系建筑给人阴森、贫寒、消极的视觉心理感受。

5. 绿色

绿色是大自然的代表色，象征生机与活力。在色彩的冷暖划分中，绿色属于中性色彩，因而绿色系的建筑能够给人安全、稳定的视觉心理感受，常见于教育、医疗等行业建筑的色彩中，表达新生、安定、欣欣向荣等含义。此外，绿色对光的反射量较少，因而对眼睛的刺激较小，能够使人长时间注视而不产生视觉疲劳感，所以常被用于学习、工作等用途的建筑环境中（如图8-33）。许多食品经销场所也会使用绿色作为其建筑的主色调，以此

▼ 8-33

▲ 8-32

图 8-32　蓝色在建筑色彩中的应用

图 8-33　绿色在建筑色彩中的应用

使消费者产生天然、安全、新鲜的视觉心理感受。此外，绿色是随光线变化最大的色彩，因此在具体施工中需要格外注意建筑的光环境。

6. 紫色

紫色为间色，兼具双重色彩特性。它不仅有着红色的开放和热情，也有着蓝色的深沉和冷静。紫色的双重色彩特性是其视觉心理出现矛盾感、神秘感的主要原因。有人认为紫色代表邪恶、恐怖，也有人认为它是高贵、美丽的象征。紫色在自然环境中较为罕见，在建筑中也很少大面积出现。紫色会与周围的环境产生强烈对比，大量使用会使人产生严重

图 8-34 紫色在建筑色彩中的应用

的不协调感，所以在建筑环境中多将其作为点缀色来调节环境的色彩感。在建筑装饰中，紫色与橙黄色、金色、黑色搭配，能够产生浪漫、高贵、富丽堂皇的视觉心理感受，这种搭配常见于星级酒店、婚庆会场等场所建筑；而与紫红色、白色等色彩进行搭配时，会产生成熟、迷人的视觉感受，象征女性的神秘妖媚，常见于化妆品店、美容会所等主要为女性提供服务的建筑环境中（如图8-34）。此外，紫色在与褐色、黑色、灰色、绿色、黄色等色彩搭配时，会使人产生食品腐烂的视觉心理感受，应尽量避免在相关建筑环境中使用。

三、建筑色彩中明度的视觉心理

明度是指色彩的明亮程度，是色彩中含黑色和白色的比例。色彩中白色比例越多，明度值就越高，反之则越低。不同色相的色彩，其明度本身各有不同。例如黄色，尽管其波长不算最长，但其明度却是有彩色中最高的；橙色次之；紫色则最低。

不同明度的色彩带给人的视觉心理感受是不同的，而同种色相的色彩也会因为其明度的不同而给人不同的视觉心理感受。此外，无彩色（黑、白及不同比例的灰色）给人的视觉心理感受虽然不如有彩色那样丰富，但其特有的中性特征使其拥有很强的包容性，可以与任何有彩色进行搭配并产生不同的视觉心理感受。

1. 有彩色的明度变化

（1）高明度色彩

高明度色彩能够给人轻松、明朗、愉快的视觉心理感受，但若色彩明度过高，会使人产生轻浮、单调、幼稚的视觉心理感受。在建筑设计中，应适当削减高纯度色彩的使用面积，与低明度色彩进行搭配，这样做不但能增加建筑的层次变化，还能增强建筑的视觉强度。

（2）中明度色彩

中明度色彩能够给人沉稳、成熟的视觉心理感受，因此在建筑中的应用十分广泛。中明度色彩相互之间如能搭配得当，会产生柔和、明快的视觉心理感受。以高纯度的中明度色彩为主色调的建筑能够使人产生成熟、稳重又略显生动的视觉心理感受。以低纯度的中明度色彩为主色调的建筑则需要明确色彩层次，以免显得呆滞、死板、无生气。

（3）低明度色彩

低明度色彩能够给人以力量、厚重、坚定的男性化视觉心理感受，但需要与中高明度的色彩进行搭配，否则很容易产生沉闷、毫无生气的感觉。高、中、低明度的色彩之间相互搭配，能够使建筑富有层次感，产生稳重、谦逊、成熟的视觉心理感受。

建筑在使用低明度色彩时，必须有足够的光照，这样才能避免影响建筑的功能性。此外，体量较大的高层建筑也要谨慎使用低明度色彩。若低明度色彩比例过高或使用位置过高，就会给人紧张、压抑的视觉心理感受，而且不容易与周边环境相和谐。

2. 无彩色的明度变化

（1）黑色

黑色是整个色彩体系中的极端色彩。它的视觉心理特性有着极端的矛盾性：一方面，它给人绝望、孤寂、死亡的极端消极的视觉心理感受；另一方面，它又给人理性、力量、优雅、高贵的极端积极的视觉心理感受。

黑色在各领域的设计中被极为广泛地运用。它既能表现传统、厚重、奢华、尊贵的氛围，又能缔造现代、个性、时尚的风格。当黑色与褐色、金色、灰色、蓝色等色彩搭配时，能够呈现较为保守的视觉心理感受。而与银色、白色、金色、紫色、灰色、蓝色搭配时，可使人产生高贵优雅的视觉心理感受（如图 8-35）。但若运用不当，黑色会使光照度大幅降低，令环境中的色彩辨识度和空间结构的稳定程度降低，使人产生不安、不可控等消极心理。

（2）白色

白色象征圣洁与轻柔，在建筑中使用能够给人带来整洁感、秩序感、虚无感。医院、餐厅、厨房等建筑空间会使用白色来展现洁净感；也有很多建筑使用白色来表达未来感和科技感（如图 8-36）。

由于白色对光线的反射率是最高的，大面积使用白色很容易因缺乏层次感而造成视觉上的单调乏味和晕眩感，因此最高明度的白色只适用于小型建筑及流动性较强的环境色彩中。此外，白色的高反光性使其很容易与其他色彩进行搭配设计，能够传达不同的视觉心理感受，因此深受设计师喜爱。另一方面，白色也因为象征死亡、肃杀、恐怖而被人们所忌讳。

（3）灰色

灰色是黑色与白色的混合色，兼具二者的视觉特性。灰色能够满足人在视觉生理上对平衡感的追求，所以其被认知性和被注目性都相对较弱，给人谦逊、沉稳、含蓄、优雅、平凡等中庸的视觉心理感受。同时，灰色还能缔造现代感和简约感，在建筑设计、室内

▼ 8–35

▼ 8–36

图 8–35　黑色在建筑色彩中的应用

图 8–36　德国 Dupli Casa 别墅

设计、产品设计等诸多领域被广泛应用（如图 8-37）。

　　灰色与黑色、白色、蓝紫色、褐色等色彩搭配时，很容易使人产生孤独、贫寒、寂寞等负面情绪，因此在一些特定的建筑环境，特别是独居者或老年人的居住环境中应尽量避免使用。此外，在食品及与之相关的行业的建筑环境中，也不宜使用灰色，特别是其与绿色、褐色、黄色、紫色、黑色等色彩搭配时，会给人带来难吃、腐败等视觉心理感受。

图 8-37　灰色在室内设计中营造的现代简约感

四、建筑色彩中纯度的视觉心理

纯度又称饱和度、艳度或彩度，是对色质进行标定的色彩属性。高纯度色彩与黑色、中性灰色、白色结合，能够降低或提升其明度与纯度。高纯度色彩能够给人生动、开放、明朗的视觉心理感受，而低纯度色彩则给人内向、安静、沉稳并略带郁闷的视觉心理感受。由于高低纯度给人的视觉心理感受差异十分明显，因此在进行色彩搭配时，应尽量使色彩之间的纯度相差较小，否则会产生严重的不协调感，造成视觉冲突。

1. 低纯度色彩

低纯度色彩又称浊色。一般情况下，低纯度色彩能够以自己的低饱和度去衬托周围环境，使建筑与环境色彩有机结合，因此以低纯度色彩为主色调的建筑环境会显得宁静内敛，给人以专心致志、心平气和的视觉心理感受。若担心大面积同纯度色彩会使建筑色彩模糊沉闷，可以通过明度的差别来区分层次，使建筑色彩富有灵性、不呆板。

2. 中纯度色彩

以中纯度色彩为主色调的建筑能够缔造生动且柔和的视觉效果，既避免了低纯度色彩容易造成的单调乏味感，又不会出现高纯度色彩给人的刺激和杂乱感。因此，对比得当的中纯度色彩在建筑设计及室内外环境设计中应用得十分广泛。但由于大面积色彩的纯度会高于小面积色彩的纯度，这会导致很难与周围环境相融合，所以高层建筑外立面需要谨慎使用。

3. 高纯度色彩

高纯度色彩又称艳色，其色相十分明确。通常情况下，建筑中的高纯度色彩在环境中醒目度十分高，具备很强的可识别性，能够给人热情、健康、活泼的视觉心理感受，因此高纯度色彩常见于重要位置的地标性建筑、体量较小的重点建筑或需要警示的临时性建筑，一般建筑则应尽量少采用此类色彩。当然，即便是重要或具有特殊功能的建筑，其色彩纯度也不宜过高，只要做到略高于周边建筑色彩纯度即可。太过鲜艳的高纯度色彩如果大面积使用的话，会造成严重的视觉污染，使城市的环境色彩杂乱无章。

五、建筑色彩中的视错觉

1. 色彩的冷暖错觉

冷暖色的合理使用能够带给人理想的视觉温度感受：在住宅、酒店、餐厅、购物中心等放松心情的建筑场合中，暖色调常被用来烘托温暖舒适的氛围；而工厂等高温工作环境则使用冷色调，来使工人产生清凉的温度错觉。实验表明，人的生理系统会受到视觉心理错觉的影响，在处于不同色温的环境时，人的心率和体温会有细微的差别。

在建筑环境中，色彩的冷暖感受不是一成不变的，它会受到周围环境对比以及色彩所依托的材料的影响。例如绿色，在冷色调环境中偏暖，而在暖色调环境中则偏冷；同样是白色调的建筑内环境，光滑表面材质的白色会使环境感觉偏冷，而粗糙或松软表面材质的白色会使环境产生暖意。

2. 色彩的轻重和软硬错觉

明度是决定色彩重量感和硬度感的最主要因素。色彩的重量感学说在 20 世纪末被首次提出。实验表明，各种色彩在人脑中都会产生一定的重量和硬度错觉。若以色相排序，从重、硬到轻、脆依次为：红、蓝、绿、橙、黄、白。研究表明，低明度色彩会给人沉重、坚硬的错觉，而高明度色彩则给人轻盈、柔软的错觉。

纯度对色彩的重量感和硬度感产生的影响较小。一般来说，中纯度色彩能够产生柔软的错觉，而高纯度和低纯度色彩都显得较为坚硬。

在进行建筑色彩规划时，色彩位置使用不当的话，很容易造成头重脚轻或重量感不平均的错觉，给人惶恐不安的视觉心理感受。既不墨守成规又灵活合理地运用色彩的特性及规律，才能使建筑色彩丰富灵动。

3. 色彩的缩涨错觉

色彩的缩涨错觉取决于明度。一般情况下，明度高的色彩能够产生膨胀的视错觉，而明度低的色彩则会使物体看上去比其实际体积小。如果色彩之间存在明度和冷暖对比，其缩涨感会更为强烈（如图8-38）。

在建筑设计中常采用色彩的这一特性来调整建筑及建筑空间内物体的体量感。若物品在空间环境中显得偏小，可使用明度高的色彩来增大其视觉体量感；反之则使用明度低的色彩来降低视觉体量感。

图 8-38　色彩的缩涨错觉

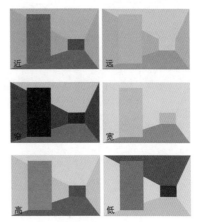

图 8-39　色彩的距离错觉

4. 色彩的距离错觉

即便是处于同一平面的色彩，也会给人不同距离的视错觉，它主要取决于色彩的色相及明度。一般情况下，高明度、暖色系的色彩给人前进的视错觉，而低明度、冷色系的色彩则有向后退的感觉（如图8-39）。

通过距离错觉，可以在建筑中营造空间感，调节空间尺寸的不足。例如过高的天花板可以采用高明度或暖色调的色彩来缩短距离感；面积较小的房间可采用低明度或冷色调的色彩来减少空间的拥挤感。需要注意的是，色彩的距离错觉并不适用于小空间建筑，复杂的视觉层次关系非但不能弥补空间的狭小感，反而会使空间显得杂乱无章，看上去更为拥挤。

第三节　建筑空间构成的审美与心理

一、建筑空间的感知和认知

建筑空间作为客观存在的、具有可感性的形象，其呈现的物理属性和人为属性进入人的认知世界，其条件有两个：一是能为人的生理器官所感受；二是具有一定的意义。"感知是空间给置身于其中的人的生理和心理上的刺激，也就是感性认识的过程。认知是感知到的东西在人脑中的处理过程，空间中的各种因素在人脑中形成记忆、概念和感情，从而使人们可以识别和理解不同的空间环境。相对于感知，认知是抽象和间接的"。感知和认知是人们对空间认识过程的两个阶段，在内容、形式和特征上有本质的区别，但它们之间又是相互联系、相互渗透、相互依赖的。

空间知觉即人对物体形状、大小、远近、方位等空间特性的知觉。建筑空间构成包括物理空间和心理空间两大方面。物理空间是指由物质实体所界定的围闭的空间；心理空间则是由物理空间的位置、大小、尺度、形态、色彩、材质、肌理等视觉要素所引发的空间感受。"构成"是通过形态分析方法所获得的空间创造技巧，具有"形态—人—空间"的有机统一性原则。

二、建筑空间构成的审美法则

建筑空间之所以能在人的心理、情绪上产生某种反应，是因为建筑中存在着某种规律，而建筑形式美法则就表述了这种规律。建筑形式美法则可以归纳为以下几个方面。

1. 对称均衡

对称本身就是均衡的。中外建筑史上无数优秀的实例，都因为采用了对称的组合形式而获得完整统一的视觉效果（如图 8-40）。完美的对称式建筑，无论是组合要素本身，还是各组合要素之间，以及某一组合要素与整体之间，均具有对称均衡之美。

图 8-40 巴塞罗那哥特式大教堂的对称之美

2. 渗透和层次

如图 8-41 所示，网师园中的镂空洞门借用中国古典园林艺术中的"对景""借景""泄景""引景"等技法，达到"你中有我、我中有你"的视觉效果，形成了丰富的空间效果。技术的进步和新材料的不断出现，为自由灵活地分隔空间创造了条件，将建筑空间灵活"分隔"的概念代替了传统的将若干个六面体空间连成整体的"组合"的概念。再如图 8-42所示，巴塞罗那国际博览会德国馆的建筑空间互相连通、贯穿、渗透，呈现出极为丰富

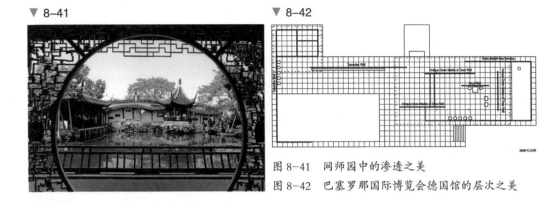

▼ 8-41

▼ 8-42

图 8-41　网师园中的渗透之美

图 8-42　巴塞罗那国际博览会德国馆的层次之美

的层次变化，所谓"流动空间"正是对这种空间所作的形象概括。

3. 空间序列

所谓空间序列，是指在客观上表现为空间且以不同尺度与样式连续排列的形态；而在主观上，这种连续排列的空间形态则是由时间序列来体现的。如图 8-43 所示的北京四合院空间，在建筑内部空间中，人的步行速度是时间序列要素的度量。由于内部空间使用功能复杂且多元化，步行速度和停留时间呈现出较大差距，正是这种差距使内部空间的设计出现了完全不同的艺术处理手法与表现形式。空间序列组织就是综合运用对比、重复、过渡、衔接、引导等一系列处理手法，将单个的、独立的空间组织成一个有秩序、有变化、统一完整的空间集群。而完善的空间序列会使人产生在此序列中相对应的空间心理（如图 8-44）。

4. 高潮和收束

沿主要人流路线逐一展开的空间序列不仅要有起伏与抑扬、一般与重点，还要有高潮。没有高潮的空间序列，会显得松散而无中心，无法引起人情绪上的共鸣。与高潮相对的是收束。完整的空间序列，要有放有收。只收不放势必使人感到压抑和沉闷，只放不收则会

▼ 8-43

▼ 8-44

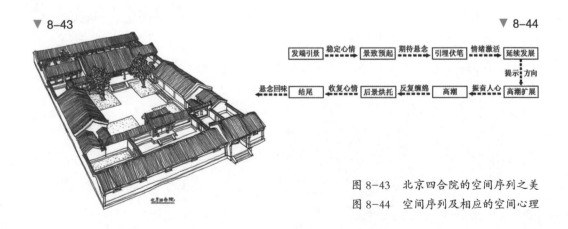

图 8-43　北京四合院的空间序列之美

图 8-44　空间序列及相应的空间心理

流于松弛和空旷。

5. 过渡和衔接

这是指在空间与空间之间采用装饰性过渡手法，使分隔的空间达到自然过渡与联系的效果，并实现其导向功能。以空间界面交融渗透的限定方式进行组合，称为过渡性组合。人流所经过的空间序列应当完整而连续。进入建筑是序列的开始，要处理好内外空间的过渡关系，使人既不感到突然，又不感到平淡。出口是序列的终结，应当善始善终。内部空间的各要素之间应有良好的衔接关系，在适当的地方可以插入一些过渡性的小空间，起收束作用，以加强序列的节奏感。人流的转折处要认真对待，可用引导与暗示的手法来提醒人们，并明确指出前进的方向。转折要显得自然，保持序列的连贯性。在一个连续变化的空间序列中，某一种空间形式的重复和再现，有利于衬托主要空间。

6. 对比和微差

体量对比、明暗对比、虚实对比、形状对比、方向对比、标高对比等是室内外空间常用的对比手法。对比是显著的差异，微差则是细微的差异，就形式美而言，两者缺一不可。对比可以借助相互烘托陪衬来求得变化，微差则借助彼此之间的协调性和连续性以求得调和。没有对比会产生单调感，而过分强调对比会造成杂乱感。只有将对比和微差巧妙结合起来，才能达到既富有变化又协调一致的视觉效果。

（1）不同度量之间的对比。这种对比在空间组合方面表现得最为显著。两个毗邻空间大小悬殊较大，当由小空间进入大空间时，会因对比而产生豁然开朗之感。中国古典园林正是利用这种对比关系，获得小中见大的效果。各类公共建筑往往在主要空间之前有意识地安排体量极小或高度很低的空间，以欲扬先抑的手法突出、衬托主要空间。利用圆同方之间、穹窿同方体之间、较奇特形状同一般矩形之间的对比和微差关系，可以获得变化多样的空间效果。

（2）不同方向之间的对比。即使同是矩形，建筑空间也会因其长宽比例的差异而产生不同的方向性：有横向展开的，有纵向展开的，也有竖向展开的。交错穿插地利用纵、横、竖三个方向之间的对比和变化，往往可以收到良好的视觉效果。

（3）直和曲的对比。直线能给人以刚劲挺拔的感觉，曲线则显示出柔和、活泼的视觉特点。巧妙运用这两种线型，通过刚柔之间的对比和微差，可以使建筑设计的构图富于变化。西方古典建筑中的拱柱式结构、中国古代建筑中的屋顶变化，都是运用直曲对比的范例。现代建筑运用直曲对比的成功例子也很多。特别是采用壳体或悬索结构的建筑，可利用直曲之间的对比加强建筑的表现力。

（4）虚和实的对比。利用孔、洞、窗、廊同坚实的墙垛、柱之间的虚实对比，有助于创造出既统一和谐又富于变化的建筑形象。

三、建筑空间构成应表达的心理需求

1. 建筑空间归属感的需求

归属感是指使用者对自己在某一场景中自身资格和地位的确认，以及他对这一团体的依赖感。归属感是由人寻求安全庇护的本能决定的，其产生的前提是对外的区别和对内的认同。

归属感涉及内外之别，在建筑空间构成上要想加强人群的归属感，就必然要加强向心性。这种向心性并非仅指形态上的向心，更重要的是文化、社会、心理上的向心与趋同（如图8-45）。例如，一个远离故土、思念家乡的人，当他面对一幢具有家乡建筑风格或特征的房屋时，他会备感亲切，因为该房屋引起了他对故乡的联想，建筑空间满足了他的情感需求。

2. 建筑空间舒适感的需求

从广义上讲，建筑空间舒适感包括物理舒适感与生理舒适感。《居住区环境设计》的作者黄晓鸯指出，日本人将"舒适环境"应具备的因素总结如下：空气清新；没有污染和臭味；安静，没有噪音；良好的绿化；与水景亲近；街景美丽而整洁；具有历史文化古迹；有适合散步的场所和空间，有游乐设施。

3. 建筑空间方向感的需求

心理学家认为，判断自身在环境中的位置（即方向感）是人类的基本需求之一。人处

图8-45　福建龙岩永定土楼带给人的建筑空间归属感

于陌生环境中时，总是习惯根据地图或周围事物来辨别方向，找出行动的依据。空间应具有使用者可识别的信息（所处位置、空间的形状和结构、空间陈设等），人们根据这些信息的特征来认识所处环境。清晰的方向感将空间形态与人的心理结构联系起来，引发安全感、愉悦感等正面情绪，并增强空间的亲和力。

4. 建筑空间公共性的需求

人对建筑空间公共性的需求，主要源于人际交往。美国社会心理学家弗斯汀格提出，人际交往的目的主要在于传递信息、满足个人的心理需要，体现在空间环境中，主要是对交往空间的需求。

5. 建筑空间私密性的需求

人都有独立的一面和自我隐匿的一面。"人需要自我认知、自我评判、自我呈现、自我管理和自我实现，对空间的需求表现为私密性"。私密性要求空间具有完整性，使人具有主体感，以维护其自由、自主并按自己的意愿支配空间的感觉。同时，该空间能使情绪得到放松或使情感得到释放，在空间上体现为限制交往、阻断信息干扰。

6. 建筑空间领域感的需求

爱德华·T·霍尔在《隐藏的尺度》中指出，每个人都被看不见的"个人空间气泡"所包围，当我们的"气泡"与他人的相遇且重叠时，就会尽量避免由于这种重叠而产生的不适。"气泡"就是随人而动的个人空间，如同人的领地，当其受到侵犯时，人会做出相应的反应。也就是说，领域是指人占有、控制的一定空间范围，是一个人或一个群体的可控制空间。

领域可以为一个人或一个群体提供生存的场所，提供安全感、归属感，肯定一个人在

图 8-46 教室中上课的人拥有共同的场所领域感
图 8-47 住在同一个宿舍中的人拥有共同的场所领域感

群体中的地位或肯定一个群体相对于其他群体的地位，加强邻里间的认同感。领域的大小和归属感的强弱，与人自身的交往方式、对环境的感受和熟悉程度、群体成员彼此之间的熟悉程度有关。在大学校园里，学生们通常共同分享这种领域感。如图 8-46 所示，坐在同一个教室中上课的人有共同的场所领域感。再如图 8-47 所示，住在同一个宿舍中的人有共同的场所领域感。对于个人而言，领域感最集中的表现就是人们对自己所属空间的保卫。

| 本章小结 |

在我们研究建筑和在做建筑设计的过程中，我们首先应该知道大众的审美由来和审美心理的形成。在了解和掌握这些后，才能更好地指导我们研究和设计出更符合大众审美的建筑。

| 思考与练习 |

1. 自行查阅相关资料，总结现代主义建筑的发展历程，体会现代主义审美的内涵。

2. 通过对大众审美由来和审美心理的形成的理解，仔细发掘生活中中西方的审美差异，或地域间的审美差异。

3. 通过对建筑空间构成审美法则的理解，思考如何使自己的设计能够给人带来稳定感与均衡感，满足人们心理上对安全感的追求，据此完成一篇小论文或报告。

（1）字数：1500 字

（2）要求：思路清晰，论据准确，有自己的看法。

（3）注意：主题不限，表现形式不限。

| 实训课堂 |

1. 选取一个现代主义建筑，分析其形态，完成一篇 1000 字左右的分析报告。

2. 制作以建筑色彩构成审美的由来和差异为主题的 PPT。

3. 结合建筑空间构成的审美法则，选取一个合适的建筑，制作其模型并分析建筑空间构成的审美。

（1）要求：自行查找资料；构思新颖，主题不限。

（2）注意：模型材料不限，比例自定。

第九章

建筑空间组合的方式

- 学习并掌握分隔性的组合方式、连续性的组合方式、观演性的组合方式、高层性的组合方式、综合性的组合方式、网格式的组合方式、庭院式的组合方式、组团式的组合方式、辐射式的组合方式；
- 将所学到的空间组合方式灵活运用于建筑设计中。

　　组成建筑最基本的单位，或者说最原始的细胞就是单个的房间，而房间与房间的组合方式构成了整个建筑的组合方式。

　　在建筑领域中，现代技术所包括的内容是相当广泛的，但空间结构在其中占据着特别突出的地位。这不仅由于它在自然空间围隔中起着决定性的作用，还因为它直接关系到空间的量、形、质三个方面。

第一节 分隔性的组合方式

▼

分隔性的组合方式的特点：使用空间和交通联系空间明确分开，可以保证各使用房间的安静及不受干扰性。适用建筑：单身宿舍、办公楼、医院、学校、疗养院等。其类型包括：内廊式、外廊式、复廊式、混合式。

1. 内廊式

所谓内廊，是指内有一条贯穿于整层的公共长廊的住宅。它在多层住宅、高层住宅、大专院校的学生宿舍、工厂的集体宿舍、旅馆、酒店、医院建筑中常用（如图9-1）。

2. 外廊式

外廊式是采用靠外墙的走廊来进入各户的住宅形式。一条公共外廊位于住宅一侧，外廊为敞开式、半封闭式或封闭式。与内廊式住宅不同的是，长廊在建筑外的可见性（如图9-2）。

3. 复廊式

复廊是指在双面空廊的中间隔一道墙，形成两侧单面空廊的形式，又称里外廊。因为廊内分成两条走道，所以廊的跨度较大。中间墙上多开有各种式样的漏窗，从廊的一边透过漏窗可以看到廊的另一边的景色（如图9-3）。

4. 混合式

顾名思义，混合式就是将各种形式组合在一起，是满足了多方面需求的空间组合形式（如图9-4）。

图9-1 内廊式

图9-2 外廊式

图9-3 复廊式

图9-4 混合式

第二节　连续性的组合方式

在连续性的空间组合形式中，最为常用的就是串联式空间组合形式。串联式空间组合形式主要包括"一"型、"J"型、"口"型和"口口"型。如图 9-5 所示的矶崎新岗之山美术馆，馆内建筑形式就是典型的"一"型。

如图 9-6 所示的某美术馆，是"J"型的布局形式。在这个美术馆的浏览路线中，展厅布置在一侧，而附属的房间布置在另一侧，三面围合而成了共享庭院。图 9-7 所示的是北京四合院，是"口"型布局形式。而图 9-8 所示的是江苏省展览中心，是"口口"型布局形式。

图 9-5　矶崎新岗之山美术馆"一"型空间组合
图 9-6　某美术馆"J"型空间组合
图 9-7　北京四合院"口"型空间组合
图 9-8　江苏省展览中心"口口"型空间组合

▼ 9-5

▼ 9-6
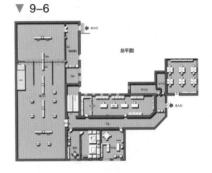

▼ 9-7 ▼ 9-8
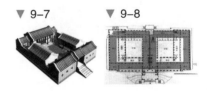

第三节　观演性的组合方式

这种组合方式一般设有大型的空间作为组合的中心，围绕大型空间布置服务性空间，并要求与大型空间有比较密切的联系，使之构成完整的空间整体，所以这种组合方式的特点为：以大型空间为主，穿插组合辅助空间。如图 9-9 的布局图所示，观演建筑包含了电影院、剧院、音乐厅、会议厅等建筑形式。

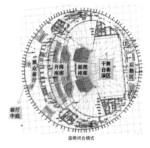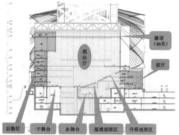

图 9-9　观演性的组合方式

第四节　高层性的组合形式

　　这种组合方式多运用在住宅区。随着社会的发展，人们对住宅的要求也在不断变化，更加关注日照、空气流通性、私密性等方面，这些都是判断住宅舒适度的关键因素。基于这些原因，高层性的组合方式应运而生（如图 9-10）。

图 9-10　高层性的空间组合

第五节　综合性的组合方式

　　综合性的组合方式，在建筑空间中主要应用于居住建筑空间和公共设施空间。一般来说，居住综合体的建筑空间组合有以下几种方式：垂直式组合、台座式组合、街区式组合。

　　1. 垂直式组合

　　垂直式组合是指居住空间和公共设施空间在垂直方向上采取划分功能区段的空间组合方式。随着楼层高度的增加，建筑空间的开放性程度依次降低，在底层采用附建裙房的方式布置商业服务空间，向上楼层用作公寓等住宅设施空间（如图 9-11）。

　　2. 台座式组合

　　台座式组合是指在底部相互连续成片的公共服务设施空间上布置组群式居住建筑的布局方式，两者结合而成的居住综合体形成了台座状裙楼的建筑形态。它的特点是建筑密度高、容积率高、人口密度高、城市公共服务设施的集中度高。这种高密度的居住环境使城市空间得到了高效利用，有利于增进居民的日常生活交往，促进社区文化的形成和发展（如图 9-12）。

图 9-12　台座式组合

图 9-11　垂直式组合

图 9-13　街区式组合

3. 街区式组合

这种街区式组合形成细密的城市路网，既与城市空间肌理相融，又为城市提供了适合开展多种城市活动的街道空间。街区式组合在空间形态上兼有开放与封闭的特点，适用于高密度的城市更新与新城开发（如图 9-13）。

第六节　网格式的组合方式

这种组合方式是将建筑的功能空间按照二维或三维的网格模式作为单元来进行组合。在建筑设计中，这种网格一般是通过结构体系的梁柱来建立的。由于网格具有重复的空间特性，因而可以增加、削减或叠加，而网格的同一性保持不变。按照这种方式组合的空间具有规则性和连续性的特点，而且结构标准化、构件种类少、受力均匀，建筑空间的轮廓规整而又富于变化、易于组合、适应性强，被各类建筑广泛使用（如图 9-14）。

图 9-14　网格式空间组合

第七节　庭院式的组合方式

这种组合方式主要分为两种：一是对称式布局，二是非对称式布局。

对称式布局主要用于宫殿、寺庙的庭院中。对称式布局的特点通常是一主两辅，这种对称构成需要满足两个条件：第一，庭院空间在平面上必须是对称的；第二，庭院空间在构成要素上必须是对称的（如图 9-15）。

非对称式布局主要用于园林型的庭院中。这种布局的形成原因主要在于自然地形。由于地形的高低起伏，使得建筑在布局时必须顺应地势要求进行建设，其好处在于：易于形成取之自然、融于自然、适于追求自然情趣的建筑（如图 9-16）。

图 9-15　对称式庭院空间组合

图 9-16　非对称式庭院空间组合

第八节　组团式的组合方式

　　这种组合方式是将若干空间通过紧密连接，使它们之间互相联系，或以某空间轴线使几个空间建立紧密联系。以图 9-17 所示的酒店为例，如果以入口或门厅为中心来组合各酒店空间，那么入口和门厅就成了联系各酒店空间的交通枢纽，而酒店空间之间既可以是相互流通的，又可以是相对独立的。

图 9-17　组团式空间组合方式

　　比较常见的是几个酒店空间彼此紧密连接成组团式组合，分隔空间的实体大多通透性好，使各空间之间彼此流通以建立联系。也可以沿着一条穿过组团的通道来组合几个酒店空间，通道可以是直线形、折线形、环形等。这种形式不仅使酒店空间更显灵活，还能合理规划酒店的空间布局。

第九节　辐射式的组合方式

　　这种空间组合方式是由一个中心空间和若干呈辐射状展开的串联空间组合而成的（如图9-18）。辐射式组合空间通过若干分支向外伸展，与周围环境紧密结合。这些辐射状分支空间的功能、结构可以是相同的，也可以是不同的，长度可长可短，以适应不同的基地环境变化。这种空间组合方式常用于山地建筑、大

图 9-18　辐射式空间组合方式

型办公群等。此外，设计中常用的"风车式"组合也属于辐射式的一种变体。

| 本章小结 |

建筑空间是我们生活的场地、环境和舞台。空间是为了满足人们生产、生活的需要，运用各种建筑要素与形式所构成的内部空间与外部空间的统称。而空间组合形式是指若干独立空间以何种方式衔接在一起，使之形成一种连续、有序的有机整体。

在建筑设计实践中，空间组合的形式是千变万化的，初看起来似乎很难分类总结，但形式的变化最终总要反映建筑功能的特点，因此我们可以从错综复杂的现象中概括出若干种具有典型意义的空间组合方式，以便在实践中加以把握和应用。

| 思考与练习 |

选择任意一种空间组合方式，制作一个实体框架练习。

尺寸：不小于 30*30*50cm

要求：构思新颖，材料不限。

| 实训课堂 |

实训内容：每一种空间组合方式各找一个案例，并加以分析说明。

第十章

构成在项目
实例中的应
用与分析

COMPOSITION
OF BUILDINGS

【 学习要点及目标 】 ·············

● 学会分析构成在建筑设计、城乡规划设计、风景园林设计以及环境设计中的应用；
● 赏析古今中外在建筑构成方面的经典设计案例。

【 本章导读 】 ·············

　　三大构成是人居环境科学体系的艺术类层面基础课。从三大构成的定义、特征、分类，
到构成在设计中的运用手法，由浅入深、系统性地学习建筑构成。本章通过具体案例来分
析和讲解构成在不同设计中的应用，学生应注意在这些案例中用到了三大构成的哪些表现
手法。

第一节　构成在建筑设计中的应用

　　构成艺术中的点、线、面等基本元素，贯穿了整个艺术创作领域，建筑设计也不例外。这些构成元素为建筑造型提供了设计思路和审美要求。如图 10-1 所示，巴特罗公寓以造型怪异而闻名，像一座童话世界中的小城堡。这种造型的独特，很多都是通过点、线、面、色彩等构成的手法表现出来的。

图 10-1　巴特罗公寓

一、点的构成在建筑设计中的应用

　　在构成艺术中，点的概念是相对的。建筑设计中的点是相对于建筑中的线或面而存在的一个概念。比如，窗户在整体建筑中扮演着点的角色，而单体建筑又是整座城市中的点（如图 10-2）。再比如，人站在花坛中，充当了点的作用，而花坛又是广场中的点。从建

▼ 10-2

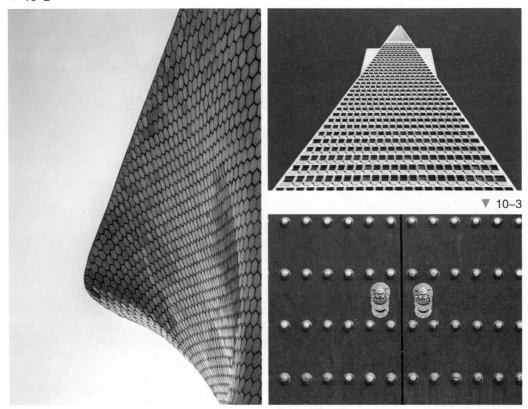

▼ 10-3

图 10-2　点在建筑设计中的应用
图 10-3　故宫大门上的门钉

筑视觉上来看，建筑中点的位置、数量、排列次序构成了建筑中不同的形态特征，并传达出不同的情感。

　　建筑形态设计中，点的应用可分为审美装饰性和实用功能性两种类型。审美装饰性的点有时是为了建筑形式美感的需要而存在的；实用功能性的点是为了建筑的构造需要而存在的，比如门、窗等。在建筑形态中，点的性质是可以相互转变的，比如我国古建筑中那些高大的红漆大门上的门钉（如图10-3），就是由功能性演变为装饰性的实点。再如现代建筑墙面上悬挂的徽章、标志等，都是建筑形态中点的形式符号。

　　按点的形式划分，点可分为实点和虚点两种类型。实点是指具有实体的造型，如墙上凸出的实体。虚点是指欣赏者的一种视觉心理感觉，即虚幻而无实体的形态，比如墙中凹入的空虚部分。

1. 单点在建筑设计中的应用

　　点作为建筑中的一种形式符号，在不同的位置有着不同视觉心理效果。当点在建筑的中间位置时，给人们感觉是单纯、宁静、稳定的特性。当点出现在其他角落位置时，就会产生方向感、运动感及不稳定性。如日本建筑大师竹菊清川设计的江户东京博物馆，他将符合日本民族精神与审美特点的圆形作为图案装饰出现在博物馆正立面的中心位置，烘托出此建筑端庄、威严的气氛（如图10-4）。

建筑中点的特性和构成中点的特性是相近的，其表现技法比较多。有些建筑为了追求一种视觉效果，往往在一些部位引用虚点来打破呆板的立面造型，如图10-5所示的SOM事务所设计的建筑作品，建筑中心方形的洞口，不仅解决了采光通风的问题，还丰富了整个建筑立面。

2. 双点在建筑设计中的应用

如果在统一建筑的空间或界面里，同时出现两个相同大小的点并相距一定距离时，这两点之间就会使人产生一种紧张感和张力，人的视觉会把这两点进行虚幻联系，感觉这两点之间似乎存在着一条直线。这种感觉到的线，并不是具体的实物，而是一种视觉心理反应。比如那些外观像人脸的住宅，住宅正立面模仿人的面部进行造型，作为"眼睛"的两个窗户是吸引我们视线的焦点，它们之间形成一种视觉张力（如图10-6）。

当大小不同的两个点同时出现在同一个建筑中时，我们的视线首先会集中在较大的点

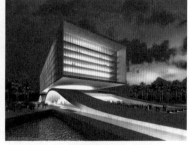

▲ 10-4　　▶ 10-6

图10-4　江户东京博物馆
图10-5　SOM事务所设计的建筑作品
图10-6　外观像人脸的住宅

173

上，随后移向较小的点，最后集中到最小的点上。这说明越小的点，集聚性越强。因此，点的不同排列及在空间中的位置不同，就会形成不同的视觉效果，并可引导视线的移动。

3. 多点在建筑设计中的应用

建筑中的点在集聚时所排列的形式、位置、大小的变化，会使人产生不同的情感：同样大的点等距排列，表现出安定的均衡感；以大小为依据的有序排列，给人方向感和进深感。例如东方明珠广播电视塔，从下往上三个体型越来越小的球体串联在一条竖向的轴线上，产生出优美和谐的韵律感和方向感，整个电视塔拔地而起，直冲云霄，气势非凡（如图10-7）。而不同大小的点无序地排列在一起，则有跳动和不规则感。

点在不同的排列组织中所反映出来的韵律、均衡、动势、疏密、时空等特点，正是建筑形态设计应用的理论依据。

在建筑形态设计中，点的应用创意是随着科学技术的发展而改变的，比如：因为新材料、新技术的使用，建筑部位之间不再是简单的直角对接，新材料可以以多角度的变形、切合、穿插、旋转等多种组合方式出现。例如沈阳二十一世纪大厦（如图10-8），主体部分的两个塔楼用短连廊连接，塔楼上部以圆孔形收尾，圆孔将阳光引入背光面，寓意"新世纪阳光"。这样的建筑节点处理，打破了通常的板式建筑生硬的连接方法，解决了采光、通风等问题，使得建筑造型虚实相生，由此产生了丰富的光影变化。

在构成艺术中，点这一视觉形态元素，因为有着丰富的联想空间、强烈的视觉审美效果而受到普遍的喜爱。点在建筑空间和形态的设计中，已经成为一个重要的造型单位和结构处理手法。

图 10-7　东方明珠广播电视塔

图 10-8　沈阳二十一世纪大厦

二、线的构成在建筑设计中的应用

构成元素中，线在建筑形态设计中发挥了巨大的作用。不同形状的线有着不同的性格特点，它们可以根据不同的用处、不同的表现手法创造出多种多样的形态来表现及装饰建筑。线以其丰富多彩的视觉形象营造出风格各异的建筑，并通过其视觉语言对人们的视觉审美和思想情感产生冲击。如果说点这一元素是具有活跃生命感的形态，那么线就是一种揭示构造力量的符号。

1. 线的联系性

线具有将两个没有联系的物体轻易地连成一个整体的能力，同时又能将一个完整的形体分割开来，从而形成新形体。在不同形式的线的组合中，有起主导作用的线，也有起辅助作用的线，主次分明的排列可以使建筑的视觉效果富于变化。线的疏密排列也可以表现强烈的空间感和立体感。

2. 线的方向性

导向性是线的一大功能，它可以分为两大类：有特定方向性的直线和无特定方向性的曲线。

有特定方向性的直线包括水平线、垂直线、斜线。线的方向性这一特性在建筑设计中应用得十分广泛。例如著名建筑师贝聿铭设计的香港中国银行大厦，它突破了大多数玻璃墙面高层建筑的呆板、单调，运用富有变化的直线框架，创造出别开生面、时代感十足的建筑形象（如图 10-9）。

无特定方向性的曲线包括几何曲线、自由曲线和弧线等多种形式。西班牙建筑大师安东尼奥·高迪在建筑设计中，经常使用曲线、圆形、双曲面和螺旋面来表现建筑的形态美，由他设计的圣家教堂突破了基督教教堂千篇一律的传统格局，采用

图 10-9　香港中国银行大厦

图 10-10　圣家教堂

螺旋形的墩子、双曲面的侧墙和拱顶、双曲抛物线的屋顶，构成了一个象征性的复杂结构组合（如图 10-10）。

三、面的构成在建筑设计中的应用

线的有序排列形成了面。面分为几何形面、自然面和不规则的面。几何形面表现为规则、平稳、理性的视觉效果，可以创造出柔和、自然、抽象的形态。自然面即仿生型的面，比如对大象的形体概括所得到的面，可以创造出生动、厚实的视觉效果。

不规则的面，在构成形态中称为"偶然形的面"，其视觉形象显得自由、活泼而富有哲理性。不规则的面也有平面和曲面之分：平面给人宁静、开阔、稳定的视觉心理感受；曲面给人起伏、柔软、动感的视觉心理感受。曲面含蓄、优雅，在空间表现中给人以动感，可以使建筑造型别具魅力，很多屋面运用曲面来突出建筑形态的特色。建筑中常用的规则曲面不多，建筑师可以通过对构成艺术形式美的组合方法的巧妙运用来创造适合建筑要求的、新颖别致的造型。

在建筑设计中，建筑顶面、幕墙及地面属于大面积的面，许多建筑大师在其造型处理上抓住了面的表现重点——色彩、质地等来进行创意设计。而对于一些小的装饰块面，因其具有图形性，所以在处理时一般从它的形状、尺度等方面来选择处理方式。

在城市整体形象中，建筑物的立面又称为限定街道和公共空间的墙面。由于建筑形体的表现日趋简洁，所以建筑师们更加追求面的形状变化来获得更为完美的视觉效果。在建筑设计中，对面的处理必须考虑运动中的面形的变化，不能仅限于从某一个角度来观赏建筑，而应考虑到建筑的每个角度的综合审美，对建筑产生的阴影造型也要加以推敲。

四、色彩构成在建筑设计中的应用

建筑设计成功与否，和其自身的色彩搭配是密不可分的。色彩作为构成元素中的一个重要组成部分，不仅具备表面的色彩属性，还具备思想情感，它给欣赏者带来了回忆、幻想的空间。

城市中的大型公共建筑、富有代表性的社区住宅建筑，其自身色彩都孕育着地方特色。从某种意义上讲，对建筑色彩美的追求不仅反映了社会经济的繁荣，更是人类文明与社会进步的表现。在社会环境里，建筑色彩一直传达着宗教、政治、文化等各领域的内涵。在这些领域中，色彩成为一种象征或是一个符号。建筑色彩与一座城市的形象、特色和品位有着至关重要的联系。以老北京的建筑为例，灰墙、灰瓦和红门构成了北京城市色彩的个性（如图 10-11 ）；而在一些经济特区，城市又映射出浓厚的现代都市气息，比如深圳的现代高层建筑和宽大的道路构成其城市空间形态，展现了浓厚的现代建筑色彩（如图 10-12 ）。

每个城市都有自己的特色，有的城市表现出浪漫、明快的特色，在城市色彩上表现得也相对浪漫、明快，这就是色彩的联想属性。建筑色彩要与周围环境、当地的历史与文化相互协调、相互融合，这一切都体现了色彩的应用贵在和谐统一。

建筑设计中的色彩表现出的功能不仅仅体现在它对建筑的装饰美化作用上，更体现在它作为一门造型艺术语言所发挥的作用上，它在建筑文化表达方面，有着不可替代的作用。

▼ 10-11

▼ 10-12

图 10-11　北京胡同
图 10-12　深圳城市面貌

◀ 10-13

◀ 10-14

图 10-13　肯尼迪图书馆
图 10-14　悉尼歌剧院

建筑色彩的情感取决于色彩的基本特性，它的表现形式与建筑所要表达的语言能产生共鸣。比如黑色给人深沉、严肃、悲哀等心理联想，具有强烈的沉重感和压抑感。比如美国肯尼迪图书馆（如图 10-13）就利用这一色彩特性，通过大面积黑白绝对色的有力对比，极度渲染了肯尼迪总统被刺身亡的悲剧。超大体量的黑色玻璃幕墙的构成体，给人以超常规尺度的结晶体般的纯净感。建筑色彩营造出的最佳色彩关系，将肯尼迪图书馆的纪念意义推到与一般总统纪念图书馆截然不同的境界，形成沉思、缅怀、庄严的气氛。在这里，抽象的情感、抽象的色彩内涵，通过特殊的色彩抽象符号及其空间语序的构成，准确、系统、深入、全面地阐述了特定建筑空间的情感特征。再如悉尼歌剧院（如图 10-14），它以白色为建筑的主色，映衬了春夏秋冬、晨曦暮霞、阴晴雾雨等不同时间与情况下建筑环境的变化，演奏出变幻莫测的色彩交响曲。

　　不同的文化、不同的信仰、不同的生活习俗，都能直接影响人们对色彩的审美，因此在建筑色彩审美活动中，要准确把握色彩情感与建筑内涵的关系，并密切关注当地的文化习俗、审美习惯以及色彩的流行趋势。

五、立体构成在建筑设计中的应用

在建筑中，体是立体造型最基本的表现形式。它是具有长度、宽度和深度的三维立体空间形态，可以非常有效地表现立体空间。如果将若干块体按照一定的构成组织原则，通过构成艺术的形式美法则进行连接、渗透等处理，可以创造出各种各样的艺术形体，给人带来运动、扩张、稳定等空间感受。垂直方向的形体给人高洁、庄重、向上、雄伟的视觉心理感受。例如古埃及金字塔，以其简洁单纯的正方形锥体形态，在广袤的沙漠中，展现出高大、稳定、沉重、雄伟的形象（如图10-15）。水平方向的形体给人平静、坚实、稳重的视觉心理感受。倾斜性形体则给人生动、活泼的视觉心理感受。

图 10-15　金字塔

第二节　构成在城乡规划设计中的应用

随着城乡的不断发展，城乡规划越来越受到重视。不同的地区有不同的特点，不同的城市有不同的构成设计运用。

一、平面构成在城乡规划设计中的应用

平面构成的最基本要素为点、线、面，它们是世间万物形态的基础，自然界所有的物体都离不开这三要素。我们可以将其置换成规划设计要素，比如可以把建筑、路线、区域

换成平面构成中的点、线、面。

城乡规划设计是由无数个点、线、面构成的，其主要思路是点、线、面的设计和重组的应用。如图 10-16 所示，利用平面构成的原理，使用点、线、面进行有秩序的搭配，使设计在视觉形式上充满变化，使空间环境富有生活气息。通过点、线、面的和谐搭配，城乡规划设计能够从视觉上触发受众的情感神经，满足人们对艺术化环境品质的需求。

在中国建筑中，对造型空间规划对线有着悠久的历史。从北方的街坊到南方的弄堂，从皇宫的青砖大道到乡间的泥石小径，基本都采用了沿轴线南北纵深发展、对称分布的布局方式，这一点在故宫的布局中尤为明显（如图 10-17）。

二、色彩构成在城乡规划设计中的应用

在城乡规划设计中，色彩的运用应该以蓝天、碧海、水系、山体、植被、地面、建筑等元素的颜色为载体，结合当地的自然环境、地域文化背景、人群情感等，匹配合理的环境颜色。如图 10-18 所示的天津市中心区规划总体布局图，城区规划从空间尺度到色彩关系，都遵循了功能性与审美性的统一。在城乡规划设计中，色彩的运用应注意以下几点。

1. 突出城市的自然美与人文美

人类的色彩美感来自大自然对人的陶冶。对人类来说，自然的原生色总是易于接受的，甚至是最美的。因此，城市的色彩永远不能与大自然竞争。在城市色彩设计中，一方面应尽量保护、突出自然色，特别是树木、草地、河流、大海、岩石等自然物的自然色，例如普罗旺斯的建筑较多采用石材的本色或极为质朴的色彩，以体现薰衣草的色彩之美（如图10-19）。另一方面，应尽量使大面积的色彩不张扬、不艳丽，以突出人文美。例如巴黎街

▼ 10-16　　　　　▼ 10-17　　　　　▼ 10-18

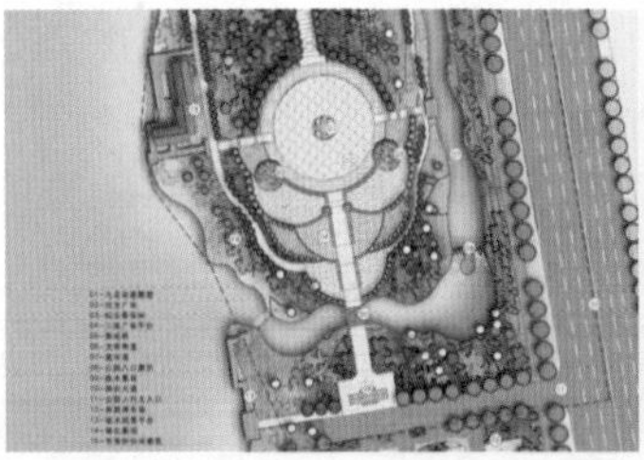

图 10-16　点、线、面在规划设计中的应用
图 10-17　线在规划设计中的应用
图 10-18　天津市中心区规划总体布局图

▼ 10-19

▼ 10-20

图 10-19　普罗旺斯的风景
图 10-20　巴黎街景

◀ 10-20

头最美的风景要属时装女郎了，所以巴黎的地面、墙壁大多是素雅的灰色、米色，这便突出了人群的色彩美（如图 10-20）。

2. 延续城市的历史文脉

城市色彩一旦由历史积淀所形成，便成为城市文化的载体之一，默默地诉说着城市的历史与文化。为了延续城市的文脉，城市应尽量保持其传统色调，以显示其历史文化的悠久性。若城市原有风貌被破坏，新建建筑要与城市的历史建筑、文化遗迹的色调相协调。如法兰克福的旧城在二战中被严重破坏，新建筑就与原建筑的色彩协调一致，最大限度地延续了城市文脉（如图 10-21）。

3. 服从城市分区功能

从城市区域划分来讲，城市广场的色彩一般应凝重一些；商业区的色彩可以活跃一些；居住区的色彩应素雅一些；旅游区的色彩则要强调和谐悦目，这些是城市色彩规划的通则。

城市单体建筑的色彩设计也要服从其功能。如立交桥等大型基础设施，其混凝土本色既显示出力量感，又接近自然色，没必要再进行粉刷。又如高层写字楼，大多采用蓝色、灰色等彰显理性感、冷静感的色彩（如图 10-22），不宜使用夸张轻浮的色彩；而对于公

▼ 10-22

▼ 10-21

图 10-21　法兰克福旧城街景
图 10-22　高层写字楼的色彩应用
图 10-23　公用电话亭的色彩应用

◀ 10-23

用电话亭、候车亭等公共设施，则可以采用相对明快的色彩（如图 10-23）。

第三节　构成在风景园林设计中的应用

　　在构成设计中，风景园林设计往往依赖于复杂多变的环境形态，这种环境形态主要指周边环境所呈现出的构成景象。在风景园林设计的平面布局设计中，每一株植物都抽象为一个点的构成，每一条道路都抽象成线的构成。在立面上，可将植物、景观都归纳为面的构成。作为风景园林的空间本身也是由点、线、面、体共同组成的。

一、点的构成在风景园林设计中的应用

　　在设计中，有很多图形是由点构成的，特别是在风景园林设计的平面布置图中。需要注意的是，风景园林设计中的点要比纯粹的点的构成大得多，它往往以立体点的形式出现。

从实际应用上讲，风景园林设计中的点不存在大小的问题，只要在空间中标定位置即可。例如远处的房屋建筑、广场中的雕塑小品、草地上的石头等，在风景园林平面布置图中，都是以点来进行标示的。在较大的园林景观的平面布置图中，点也可以代表一棵树、一块绿地等（如图10-24）。

二、线的构成在风景园林设计中的应用

在风景园林设计中，常利用线的方向性、生长性来表现园林景观空间的造型效果。线的多种形式在风景园林中的变化可以创造丰富的视觉感受（如图10-25）。

1. 线的形态

线的自身形态可分为均匀线、非均匀线、粗线、细线、渐变线等。线的长短、宽窄是相对而言的。直线与曲线是最基本的线形。风景园林设计中的线条，不管如何变化，都可归纳为直线与曲线。任何线形的变化都是以直线或曲线为基础发展变化而来的。不同的线具有不同的性格与特征。直线常用于表现静的形态，曲线则用于表现动的形态。

直线常给人一种正直、坚毅、简洁、男性的感觉，在形态上主要分为水平线、垂直线和斜线。水平线给人静止、舒展、平和的视觉心理感受，在园林景观设计中，远方的地平线、海平面等都可以看作是水平线。垂直线给人高直、笔挺、无限上升的视觉心理感受，在园林景观设计中，高大的孤植树木、道路旁的路灯等都可以看作是垂直线。斜线给人延伸、向上或前进的视觉心理感受（如图10-26）。

曲线富有柔美、丰满、优雅、女性的感觉，在形态上主要分为几何曲线和自由曲线。几何曲线给人简洁、对称、理性的视觉心理感受。常见的几何曲线包括圆弧线、椭圆线、

▼ 10-24

▼ 10-25

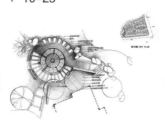

▼ 10-26

图 10-24　点在风景园林设计中的应用
图 10-25　线在风景园林设计中的应用
图 10-26　直线在风景园林设计中的应用

图 10-27　曲线在风景园林设计中的应用

涡螺线等。自由曲线是无章法的自由线条，可以根据设计的不同需要来确定弯曲的程度，因此给人自由、多变、灵活的视觉心理感受。在风景园林设计中，曲线的应用实在太多。例如草坪的边界、水体的驳岸的形态，常采用几何曲线形；自由曲线有较大的随意性，常被设计成蜿蜒的曲线，作为道路、湖泊、人工水体的边界形态（如图 10-27）。

2. 线的作用

在风景园林设计中，有用作交通的线、用作连接的线、用作边界的线、用作轴线的线、用作装饰的线。

用作交通的线主要指园林景观中的道路，其作用主要是让人们在空间中顺利地通行。这种线大多为直线，便于人们以最短的距离到达目的地，但在一些以休闲娱乐为主要功能的场所，如广场、公园等，经常采用曲线来组织交通。

无论是什么形态的线，它都有两个端点。这两个端点被认为是点化了的面，这说明线在风景园林设计中具有连接至少两个空间的作用，例如道路、长廊、植物的列植布置等。这种用作连接的线因为在风景园林设计中太过常见，因此容易被忽略，其实它具有一定的使用性与导向性，是极其重要的形态要素之一（如图 10-28）。

风景园林中有很多边界，例如水体的驳岸，草地、道路的边界，围墙等。这种线在风景园林设计中出现的形式可以是直线，也可以是曲线。通常在规则式的园林景观中多采用直线（如图 10-29），在自然式的园林景观中多采用曲线（如图 10-30）。

轴线是一条抽象的控制线，其他要素均参照它作对称布局，这在法国的传统园林景观中十分常见。这种线会给人庄重、规整的感觉，适合表现宏伟、庄严、肃穆的场所。这种设计手法从方法上较容易掌握，是传统与现代风景园林设计中常用的手法（如图10-31）。

在风景园林设计中，也常用多种形态的线来做装饰，例如地面铺装、景观小品中的各种线的造型（如图10-32）。

▼ 10-28

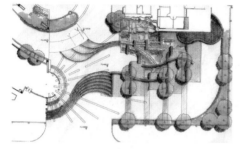

▼ 10-30

▼ 10-29

图 10-28　用作连接的线
图 10-29　用作边界的直线
图 10-30　用作边界的曲线
图 10-31　用作轴线的线
图 10-32　用作装饰的线

▼ 10-31

▼ 10-32

三、面的构成在风景园林设计中的应用

面的构成就是将面分割成若干个面，或者将若干个面进行组合的方法。在风景园林设计中，面的构成大多用于整体的硬化铺装和大面积的植物空间营造。

1. 整体面的分割

将一个完整的面分割成若干个面时，如果是用直线分割，得到的若干面即为规则形，拥有结构美感；如果是用曲线或非几何形线分割，得到的若干面即为自然形，拥有流畅、优美、自然的美感。

2. 多个面的组合

若干个面组合在一起时，要有一种方法把它们组织起来，常用搭置、透叠、复合、减缺等形式组合。面与面的组合会产生新的面的形态，多个面有规律地重叠组合，还会形成多层效果，表现空间的层次感（如图10-33）。

面在风景园林设计中具有平衡或丰富空间层次、烘托及深化主题的作用，其形态有很多。例如草地、各种铺装可以形成地面；紧密排列成行的树木可以形成垂直的面；高大的树木枝叶可以形成一个顶平面。由此可知，面对空间的限定可以由地面、垂直面、顶面来实现。空间界定主要由地面和垂直平面完成，偶尔用到顶面。地面是一个非常重要的形态，它的构成形式将直接影响其他的设计形态。

图 10-33　多个面的组合在风景园林设计中的应用

四、色彩构成在风景园林设计中的应用

在风景园林设计中，色彩是最基本的造型要素之一，色彩形态赋予园林景观鲜明的特征，其主要表现形式为植物的色彩搭配。在色彩的对比应用中，不同的色彩会绽放不同的个性，色彩的搭配会给人以不同的视觉心理感受。在实际应用中，要巧妙利用色彩的对比关系来达到理想的效果。风景园林设计中常见的色彩对比如下。

1. 明度对比

这是指色彩的层次和空间关系主要依靠色彩的明度对比来实现。根据明暗程度，可分为高明度、中明度、低明度三种基调。

▼ 10-34

图 10-34　高调对比在风景园林
设计中的应用
图 10-35　中调对比在风景园林
设计中的应用
图 10-36　低调对比在风景园林
设计中的应用

◀ 10-35

◀ 10-36

（1）高调对比，是指用色相明度较高的颜色来做对比应用。相对比的颜色明度本身都很高，对比的是谁的明度更高。例如黄色与橙色的对比，它们自身的明度都很高，但黄色是明度最高的色相，橙色稍逊一筹（如图 10-34）。这种对比可营造出绚烂、亮丽的景观效果。

（2）中调对比，是指以明度居中的色相作为基本色，配以明度高或明度低的色相而形成对比的形式。例如红色和绿色是明度居中的色相，可以与黄色、橙色或蓝色、紫色搭配。这种对比形式给人以丰富、充实的感受（如图 10-35）。

（3）低调对比，是指以明度较低的色相作为基本色，配以明度高的色相而形成的强对比效果的形式。这种对比反差大、视觉冲击力强，画面蕴含爆发力与吸引力，常用在需要吸引人们注意的场所（如图 10-36）。

2. 色相对比

色相对比是色相之间的差别形成的色彩对比。根据相互对比的颜色在色相环上的距离的不同，可以把色相对比分为同类色相对比、类似色相对比、对比色相对比、互补色相对比。

（1）同类色相对比：色相之间在色相环上的距离角度在 15°以内的，称为同类色相对比。同类色相之间的差别很小，一般只能构成明度或纯度方面的差别，是最弱的色相对比。同类色在色相环中都是邻近色，比如红色与橙色、橙色与黄色、黄色与绿色。同类色也包括同一色相内深浅不同的色彩，如深红与粉红、深绿与浅绿。这种色彩组合在色相、明度、纯度上都比较接近，因此容易取得协调感，并能体现层次感和空间感，给人柔和、宁静、高雅的视觉心理感受（如图 10-37）。

（2）类似色相对比：色相之间在色相环上的距离角度在 45° 左右的对比，称为类似色相对比。做对比的色相在色相环中处于两两相邻的状态，因此容易形成统一又富于变化的色彩效果，如红与紫、紫与蓝的组合。这种对比给人和谐、柔和、含蓄的视觉心理感受。

（3）对比色相对比：色相之间在色相环上的距离角度在 120° 左右的对比，称为对比色相对比。这是一种强对比，视觉效果强烈、鲜明，能给人振奋之感，如红与蓝、黄与红、绿与紫、橙与绿的组合。在风景园林设计中，常采用这种对比形式营造出"万绿丛中一点红"的艺术效果，如大片荷叶中的一支莲花（如图 10-38）。

（4）互补色相对比：色相之间在色相环上的距离角度在 180° 左右的对比，称为互补色相对比。这是最强的色相对比，视觉效果极为强烈，如红与绿、黄与紫、蓝与橙的组合。在风景园林设计中，互补色相对比能使得主题更为突出，常用于广场、游园、节庆场面等场合中，营造欢快、热烈的气氛（如图 10-39）。

3. 纯度对比

因色彩纯度差别而形成的对比称为彩度对比，也称纯度对比。纯度对比是相对而言的，一种鲜艳的颜色与另一种更鲜艳的颜色相比之下，会感觉不太鲜艳；反之亦然。在风景园

▼ 10-37

▼ 10-39

图 10-37　同类色相对比在
风景园林设计中的应用
图 10-38　对比色相对比在
风景园林设计中的应用
图 10-39　互补色相对比在
风景园林设计中的应用

▶ 10-38

图 10-40 纯度对比在风景园林设计中的应用

林设计中，不同明度与纯度的绿色，可以突出景观，并达到和谐统一的视觉效果（如图 10-40）。例如深绿色植物可以使空间显得安静、恬淡，可作为背景色，而浅绿色植物能使空间显得明亮、轻快，在视觉上有跳出的感觉。当以各种绿色做色彩搭配时，一般将深色植物安排在最下面或最后面，起到稳定画面的作用，然后将浅绿色安排在上面或前面，这样使得画面富有层次感，对景观有推远的效果。在风景园林设计中，应以中间绿色为主，其他颜色为辅，各种不同明度与纯度的绿色植物不宜过多、过于分散。

4. 冷暖对比

从色相环上看，有些色相使人感觉温暖甚至灼热，有些色相感到凉爽甚至冰冷，有些色相则处于中间状态。在风景园林设计中，冷暖色的应用是比较普遍的，不同色系的颜色可以表达不同的思想感情。

暖色系主要指红、橙、黄及其邻近色，它们象征着热烈、欢快、喜庆、朝气蓬勃等，多用于游园、庆典等场面。暖色虽好，但一般不宜大面积使用，例如不宜在高速公路两边及街道的分车带中大面积使用，因为容易分散司机和行人的注意力，增加事故率。

冷色系主要指青、蓝及其邻近色，它们给人宁静、清凉、冷静、庄严的感觉，在视觉上有推远的效果。在风景园林设计中，在一些空间较小的环境的边缘，可采用冷色或倾向

图 10-41   冷暖对比在风景园林设计中的应用

于冷色的植物，以增强空间的深远感。在风景园林设计中，特别是花卉组合方面，冷色常与白色和适量暖色搭配，能缔造明朗、欢快的画面（如图 10-41）。

五、立体构成在风景园林设计中的应用

1. 立体点

立体构成中的点是相对较小而集中的立体形态。这种立体点除了具有形状、大小和方向等属性外，还强调位置的占有。立体点在空间中占据一定的位置，是体的形态。它们具有很强的相对性，例如大画面中的一点，单看这个点是比较大的，但是与画面一对比就显得小了。点越小，往往越具有吸引力，如果有很多这样的点，就会虚化成一个新的空间。因此立体点虽然体量很小，但拥有不容小觑的功能（如图 10-42）。

在风景园林设计中，立体点可以是一块绿地、一个亭子、一个垃圾箱、一盏灯等。立体点往往在环境空间中起点缀作用，如在公园的入口处设置的观赏石，对整个空间起到画龙点睛的作用。

2. 立体线

立体构成中的线是一种具有长度、宽度、厚度的立体线。虽然是以长度的表现为主要特征，但只要它的粗细限定在必要的范围之内，而且与其他视觉要素比较显示出连续的性质，都可以被称为线。

平面构成中，线从形态上大致分为直线和曲线两种，但立体线必须具备材料性与结构性。从材料上讲，可将立体线划分为软质线材和硬质线材两种。软质线材一般包括棉、麻、

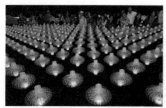

图 10-42　立体点在风景园林设计中的应用

图 10-43　金属材质表现出的立体线在风景园林设计中的应用

丝、化纤、绳等，还有铁丝、铜丝、铝丝等金属线材。硬质线材一般包括木、塑料、玻璃，还有钢等金属条材。软质线材自身没有稳固的形态，必须借助框架的支撑。通常可采用木框架、金属框架，或其他能够起支撑作用的材质作框架。框架的结构形式可依据设计意图来设计成任何形状（如图 10-43）。

第四节　构成在环境设计中的应用

构成艺术丰富了环境设计的空间层次感，使室内环境的设计方法更加多样化。

一、点的构成在环境设计中的应用

在环境设计中，点无处不在，它们往往起画龙点睛的作用，例如墙上的装饰物、桌上的相框、抽屉或橱柜上的拉手等（如图 10-44）。

在室内空间中，相对于周围背景而言，足够小的形体都可以被认为是点，家具、灯具、装饰物，甚至是身在其中的人，都具有点的特征，都可以被视为点。将物体概念化、整合化为一个点，是室内设计的处理方法之一。用这种方法来对空间进行设计，可以避免实物本身的形状、颜色等因素给设计思维造成的局限或干扰。例如图 10-45 所示的室内设计效果图，在这个空间中，点是以最基本的形式出现的：沙发背景墙上的方形画框，采用了多个点重复和穿插的构图形式，既通过多个点形成的虚面保持了整体的统一与稳定，又打破了单调的墙面构图；白色的画框配上内部画作的浅色底色，这种单纯的装饰，使空间呈现出简洁、现代的美感。

▼ 10-44

▼ 10-45

图 10-44　点在环境设计中的应用
图 10-45　点在室内墙面设计中的
应用

二、线的构成在环境设计中的应用

在环境设计中，长度比宽度大得多的构件都可以被视为线。线是室内空间中使用最多的元素，表现形式极为丰富。在做室内装饰时，如果较多采用垂直线条装饰墙面，会在视觉上产生房间变高的错觉；如果较多采用水平线装饰墙面，会给人平静、轻松的视觉心理效果。

线在环境设计中分为功能线和形式线。功能线承担着具体的功能作用，典型例子就是结构受力构件，它们因结构的要求而水平、倾斜或垂直，在实际应用中既可以表现其功能性，又可产生较强的艺术感染力。形式线起符号作用，它将面分割成若干部分，使整体的面出现变化。轮廓线是形式线的代表，各种特性的轮廓线形成了线的丰富表现力。

室内界面的转折、轮廓、交界处、平面的分割等都会产生线。室内环境设计需要给人平和、安静、有序的感觉，直线的运用使整体空间显得稳定、沉着、广阔、安定；同时穿插局部的曲线，以缓和直线的生硬感，丰富视觉感受。

在对室内二维界面边界的处理中，最重要的就是对线型的设计。不同线型的粗细和排列组合会使人产生不同的视觉心理感受。墙面运用各种线的造型，可以加强面的立体感，提高或降低空间的高度，扩大或缩小空间的尺度感；地面运用线可以起到导向的作用。此外，天花板的线也能

图 10-46　线在环境设计中的应用

产生导向作用或产生透视感、深远感，营造宽阔的空间效果。处理线时，还应考虑到各种线的长短、比例、尺度、色彩和材质等因素，达到协调效果。

例如图 10-46 所示的室内设计效果图，线是这个空间内的主要造型语言。这些线以构成方式存在于空间中，排列的线形成了虚面，既起到分割空间的作用，又给人通透、隔而不断的空间感受。在整个空间中，直线与曲线穿插使用，刚柔相济、活泼而不失秩序。

三、面的构成在环境设计中的应用

在室内空间设计中，面是最活跃的元素，因为室内陈设的每件物品都是以面为背景的。面的设计可以直接改变空间的关系。

按照室内空间布局来划分，面可分为视觉中心面、次面和再次面。墙面在室内空间设计中占据重要地位，是设计师应重点关注的视觉中心面，要注重其色彩与材质的使用，达成完美的视觉效果。地面作为次面，色彩要比墙面简单、深沉，不能反客为主，造成视觉上的混乱。天花板作为再次面，其造型、色彩、材质都要简洁明快，给人开朗的感觉。门窗作为室内界面的组成部分，应该和家具、墙面等空间造型元素使用相近的色彩和肌理，这样可加强室内空间效果的和谐统一。

虚面通常是点或线密集排列所形成的面的感觉。例如图 10-47 所示的餐饮空间，通过木条的密集排列，形成一个虚面，使就餐区成为一个较为私密的空间，同时又与外部空间相互渗透，隔而不断，满足

图 10-47　面在环境设计中的应用

了空间的功能需求与审美需求。

四、色彩构成在环境设计中的应用

室内环境的色彩可分为大面积的背景色、主导的主题色、局部的点缀色。它们引发了空间物体的多样性和复杂性，使之形成多层次的色彩环境。在不同的色彩搭配下，室内环境会呈现出不同效果。设计时要把握好主色调，在统一中求对比。一般来讲，色彩对于环境设计主要有以下几方面的作用。

（1）丰富视觉空间。色彩运用得当、搭配合理，可以使室内空间呈现立体感，使狭小的房间变得宽敞，使空旷的房间变得温馨。

（2）调节光线。室内色彩的合理运用，可以有效改变室内的光线感和明亮度，使昏暗的空间变得相对明亮（如图 10-48），使光照过于刺眼的空间变得相对柔和。

（3）改变温度。如同夏天人们大多选择浅色系衣服一样，不同地区的室内色彩也大相径庭。寒冷地区多为深色系，温暖地区则多为浅色系。

（4）表现个性与影响心理。室内主体色彩的选择，一般与空间使用者的性格或空间功能是相吻合的。不仅如此，色彩还可以调节人的心理，如性格较内向的人在色彩较鲜艳的环境中会变得相对外向一些。不同的色彩对人的心理会产生不同的影响，这种心理影响在儿童身上表现较为明显，因此儿童房大多采用鲜艳、明快、温馨的色彩（如图 10-49）。

▼ 10-48

▼ 10-49

图 10-48 色彩在调节光线作用中的应用

图 10-49 儿童房的色彩搭配

五、立体构成在环境设计中的应用

1. 在室内空间规划中的运用

（1）空间形象的分割

随着人们审美追求的不断提高，以往那种将室内空间进行简单划分的设计已经无法满足人们的需求。设计师们逐渐摒弃了以往单调、刻板、封闭的室内界面装饰，转而注重空间的疏密、内外和主次关系。运用立体构成的形式法则，可以对空间进行合理分割，解决空间之间的衔接与过渡、对比与统一等问题。例如在垂直方向上，可以采用上下相互穿插、交错覆盖的立体空间设计，也可以稍微改动装饰墙面的水平面，以打破空间的呆板感。在

▼ 10–50

◀ 10–51　　　　▲ 10–52

图 10–50　立体空间形象分割在室内设计中的应用

图 10–51　空间形态的组合（1）

图 10–52　空间形态的组合（2）

195

水平方向上，可采用抬高地面、与垂直面相互交错配置的方法，来增强空间层次感。还可以运用几何形体来表现充满力度和动势的特定氛围，达到分割空间与提升美感的双重效果（如图 10-50）。

（2）空间形态的组合

在做室内设计时，要着重处理空间层次的虚实、松紧等问题，使不同功能的区域布置与空间各形态的组合相协调。例如以镂空装饰架为隔断来分隔室内空间，隔而不断，分割中有组合，组合中有过渡（如图 10-51）。再如通过家具与空间色彩，将睡眠、阅读与收纳等不同功能的空间组合为一个较大的空间，大大提高空间利用率（如图 10-52）。

2. 在室内陈设布置中的运用

室内家具、装饰品、灯具、布艺织物等室内包含物的造型、颜色、摆放位置所形成的整体就是陈设组合，这也是室内设计的重要组成部分。设计师要根据立体构成形式美法则，分析空间内每个局部的形体，使室内空间的整体布局保持均衡感（如图 10-53）。

图 10-53　立体构成在室内陈设布置中的应用（1）

图 10-53 立体构成在室内陈设布置中的应用（2）

| 本章小结 |

纵观古今中外关于构成的经典案例，不难看出一个时期的审美观念与设计风格。无论审美观念与设计风格如何改变，形式美的规律是不变的。

| 思考与练习 |

分别找一个构成在建筑设计、城乡规划设计、风景园林设计、环境设计中的应用案例，对其加以分析，完成一篇论文或报告。

字数：1500 字

要求：思路清晰，论据准确，有自己的看法。

注意：主题不限，表达不限。

| 实训课堂 |

针对建筑设计、城乡规划设计、风景园林设计、环境设计，分别找一个案例，通过软件制作其平面图、效果图或动画短片，并制作模型，对其进行分析。要求如下。

（1）自行查找资料。

（2）构思新颖，主题不限。

（3）模型材料不限，比例自定。

第十一章

建筑构成的
调研方法与
解析

COMPOSITION
OF BUILDINGS

【 学习要点及目标 】············

● 学习并掌握各种建筑构成的调研方法；
● 将所学到的调研方法灵活运用到建筑设计中。

【 本章导读 】············

　　调研，是设计前期的必要准备工作，它在整个设计过程中占有相当重要的地位。掌握正确的调研方法，是在进行调研工作中能否获得最优信息的关键环节。

　　建筑构成的调研分为建筑形态要素调研和建筑色彩的调研。本章就此分类进行解析。

第一节 建筑形态要素的调研方法与解析

一、建筑形态

建筑形态是对建筑的视觉感知及对符号理解的客观前提，通过对其进行分析研究，可掌握建筑空间形态的内涵和本质。建筑的视觉构成具有两个方面的内容：一是建筑的形象特征，如图形、形态、色彩、线条等；二是建筑所具有的观念意义，如文化价值、审美意识等。只有两者结合，才能构成建筑的语言。

二、建筑形态构成要素

建筑环境的空间形态是建筑的形式、色彩、光影的体现。对于任何一个建筑来说，构成其视觉形态的基本要素是形、色、光影、质感和肌理。

1. 形的构成

形是指物体的形体、形状、造型，它涉及空间的体量、尺度等外在要素（如图 11-1），还包含气韵、情感等内在意义。空间中的形表现为实形与虚形两种。实形是指明确存在并被我们感知的实体形态；虚形是指被实形遮掩后的形态或空间。在建筑设计发展的早期阶段，人们往往侧重于实体的造型、比例、尺度、均衡等美学构图原则，以追求完美的形象；而现代设计则看重建筑的形体空间，追求较单纯的空间表现。如果将实形与虚形截然分开，则不能完整地表达建筑的含义。这正如阴阳学说所阐述的辩证关系一般，在对空间的分析中，实与虚相互依存、相辅相成、不可分离。

2. 色彩的构成

色彩本身不单独存在，而是依赖于形、材质、光影而出现。色彩除了调和作用外，还有一个十分重要的作用，那就是标识（如图 11-2）。在城市设计中，不同功能性的建筑采用不同的色彩来做标识，这是因为不同的色彩有着不同的属性，而这种属性往往会对某一

图 11-1　江苏大剧院

图 11-2　采用不同色彩
做标识的建外 SOHO

种特定功能形成一种有益的引导作用。与形相比，色彩在情感方面表现得更为鲜明和直观。

人对于色彩的联想是因人而异的，它受不同民族、地区、信仰、传统习俗的影响，更会因一个人的生活经历、文化修养、个性特征的差异而不同。

3. 光影的构成

建筑物处于三维空间中，必然会受到光线的照射和影响。在这里，我们所说的光线有两种，一是自然光线，二是人工照明光线。它们对于渲染建筑气氛、表现建筑形体特征所呈现出的效果是其他要素所无法替代的。在光的照射下，建筑呈现出雕塑般的立体效果。光线能强化细节，表现质感和肌理，使主体形象更为突出（如图 11-3）。此外，光线还具有装饰效果，合理地组织人工照明，调节好照射角度、投射方向以及距离，会使空间变得情趣盎然（如图 11-4）。

4. 质感与肌理的构成

肌理是物体表面的纹理特征。作为最直观的物质表现形式，它存在于生活中的任何角

▲ 11-3　　▶ 11-4

图 11-3　光照下呈现雕塑
美感的教堂
图 11-4　华灯初上的乌镇

图 11-5　通过砖石展现沧桑感的宁波博物馆

落，可以是简单的格构，可以是重复的图案，也可以是光影的变化。不同的材质与肌理会给人不同的视觉与触觉感受，体现其特有的感情（如图 11-5）。比如木材显得亲切自然，石材显得冰冷坚毅，金属显得简洁现代。利用材料的质感与肌理来增强建筑空间的表现力，是现代建筑设计中简便、经济、有效的方法。

三、建筑形态调研方法与解析

调研是一种重要的研究方法，其内容包括对原始资料的收集和整理、分析和再构造以及在此基础上的进一步分析与比较。通过调研可以深化思维，对知识进行综合的认识和分析。

1. 调研目的

通过对所要调研的建筑的相关资料的搜集及分析，加深对该建筑的认识，确定所要调研建筑的形体、色彩、肌理材质等形态构成要素，对后续的建筑设计起到指导作用。

2. 调研目标

确定所要调研的目标建筑，对其形态、主色调、色彩搭配、肌理材质等进行调研，梳理建筑的色彩应用规律及材质特点。

3. 调研方法

这主要包括文献资料查询、观察记录法、访问法、色彩分析等。

4. 调研内容

在对建筑形态要素进行调研时，首先要确定建筑的周边环境与当地社会背景，明确它的使用功能。建筑形体的确定很大程度上取决于上述因素。例如政府机关建筑，在形体选择上要方正规整一些，给人庄严肃穆的视觉心理感受；而商业类建筑则要体现出时代感，用丰富的形体变化来凸显商业活力（如图 11-6）。

　　建筑的色彩是其功能特性与城市精神的体现。如建筑大师勒·柯布西耶设计的马赛公寓，在不同单元之间的隔墙上涂上各种鲜艳的色彩，这些高饱和度的原色为每个居住单元抹上了个性化的色彩，同时起到了明显的标识作用，使居住者在楼外可以凭借色彩快捷地找到自己的居住单元（如图 11-7）。此外，还要根据建筑的功能选择冷暖色。

　　除了形体和色彩外，建筑的光影效果也能为建筑的外观带来不同的效果。良好的光影效果不仅能增强建筑的吸引力、被识别性和被记忆性，还能提升城市的外在形象（如图11-8）。

　　建筑的质感与肌理也是建筑灵魂的外化，通过不同的质感与肌理可表现不同的建筑艺术。例如让·努维尔设计的阿拉伯世界文化中心，建筑的南立面整齐地排列了近百个光圈般构造的窗格，灰蓝色的玻璃窗格之后是整齐划一的金属构件，体现了强烈的图案表现力和科学幻想效果（如图 11-9）。赖特设计的米拉德住宅，将代表传统的砖与代表现代的水泥进行了融合，有刻纹的水泥砖与平面的水泥砖组合使用，给建筑的内外立面带来了意想

图 11-6　富于变化的商业建筑

▼ 11-7

▼ 11-10

图 11-7　马赛公寓
图 11-8　吉隆坡双子塔
图 11-9　阿拉伯世界文化中心
图 11-10　米拉德住宅

▶ 11-8

▼ 11-9

不到的装饰效果。同时，由于这种砖块的运用，使得阳光可以透过镂空的砌块射入室内，随着光线的不断变换，在室内构成了一种斑斓的韵律之美（如图11-10）。

5. 调研总结

将调研后收集到的资料进行整理汇总，分析建筑场地的优点与缺陷，并提出个人见解。在建筑设计中合理运用建筑形态构成要素，不仅要提升建筑的外观形象，还要反映建筑的时代特征、地方特色、精神情感等内在要素。

第二节　建筑环境色彩的调研方法与解析

一、环境色彩的概念

人们在环境设计中，有目的、有计划地将色彩安排于特定的环境中，这一过程称为环境色彩设计。具体地说，就是根据设计需求和色彩规律选择色彩组合，将色彩在空间环境中进行合理地搭配组合。

从建筑外观、园林、风景区的设计，到建筑内部空间的设计，这其中的色彩设计都是根据环境的功能特点来安排与组织的。环境色彩在内容上更多强调人为、主观的因素，在特定环境中，色彩反映了历史、文化、民俗等人文因素。

二、建筑环境色彩研究的意义

中国悠久的历史文化和丰富的地理资源，造就了各地迥异的民居建筑群和人文环境。从历史中积淀下来的城市环境色彩是宝贵的精神财富，我们要加以传承和创新，使之具有为今天所用的价值。而大量盲目的旧城改造、新城镇开发等项目正在破坏长久形成的传统特色，因此，从色彩保护的角度讲，运用色彩学的知识和方法去解决、调和历史传承与时代发展之间的矛盾，具有很重要的现实意义。

三、建筑环境色彩调查的基本方法

1."色彩地理学"学说

欧美国家开始重视维护人文色彩景观，有意识地对新开发的城市色彩进行总体、理性的规划，在这一点上，法国著名色彩学家让·菲利普·朗克罗功不可没，他为色彩存在的价值提供了坚实的理论基础。朗克罗是"色彩地理学"学说的创始人，是世界上第一个从色彩角度向发达工业社会提出保护色彩的自然和人文环境的人。

2.地方色彩和传统色彩的研究方法

地方色彩和传统色彩的研究可以通过两种途径实现：一是实地测量、取证，记录有关的色彩数据并加以分析；二是用摄影的方式记录不同地区的色彩，在照片的基础上进行分析和总结。前者比较精确，但现场工作量大，需要事先做好周密科学的计划；后者容易操作，但对摄影色彩的还原度和真实度有较高要求。两种方法各有长短，如能结合使用，效果更佳。朗克罗围绕"色彩地理学"所展开的研究就采用了这种调研方法，具体步骤如下。

（1）选址：这是"色彩地理学"的重要基础。朗克罗首先把地理理想化为"色彩"的世界，至于色彩的程度，则取决于对实地的调查。他是从具体的小城镇开始的，而后逐渐扩大到地区、国家；先从法国开始研究，后到欧洲，直到整个世界。在选址原则上，需选地域中景观色彩要素典型性强的、色彩特征差异性大的地域以及形象感强的对象。

（2）调查：以地理位置为基础，以街道色彩气氛、建筑形象为主要对象，如都市方位、街名、街史、建筑、材料、涂料、配色等。

（3）测色记录：测试颜色的色度。对环境色彩的主体色彩、辅助色彩、点缀色彩进行色卡比对并记录。

（4）取证：获取原始资料。直接资料主要为自然物品，如当地的土壤制造的建材、环境中呈现主要色彩的植物；间接资料主要为速写、摄影以及介绍当地风俗的宣传物。

（5）归纳：把具有景观色彩特质的色彩以色谱的形式归纳出来，取其具有代表性的色彩，弃其杂乱无章的色彩。

（6）编谱：把调查筛选后的色彩转化为色谱，根据色彩属性进行分类编辑。

最后根据色彩调查的结果，总结出该地域的色彩构成的现况，以了解、认识该地区的色彩特质，为维护景观色彩特质提供现实依据。

四、环境色彩调查的过程和内容

1. 调查的过程

环境色彩调查的选址一般都有其明确的针对性和目的性，大致可分以下三类。

（1）对具有地域特色的地区进行典型景观环境的色彩资料收集和归纳。

（2）在现有地区中建造新区或建筑物，为了使之同周边环境相协调而进行的环境色彩调查分析，为该新区或建筑物的色彩设计提供规范指导。

（3）对于色彩环境相对杂乱的城市进行色彩调查，是提出下一步规划的重要依据。环境色彩调查对象不同，任务性质也会不同。要充分把握地域对象条件的设定，明晰调查对象的特殊性。

2. 前期准备阶段

前期准备工作的内容大致包括：预备调查，制作颜色票，准备相应的建筑色票和园艺色票，准备便携式测色器等。

正式调查之前，需要进行几次预备调查。预备调查的内容为：对调查地区进行拍摄，作为制作颜色票的色彩依据。

3. 现场环境色彩资料收集、取证阶段

现场环境色彩调查对象通常包括自然环境和人工环境两种。现场环境色彩资料收集和取证属于正式调查阶段。现场色彩调查需要事先对现场对象进行各方面的材料收集，要事先把握好测色地点、视角、范围等。用制作的颜色票靠近被测色对象，用视觉辨别核对，收集视觉测色与实际物体最接近的色彩，将收集到的色彩都记录下来。

同时，为了更精确地记录现场的实际色彩情况和建筑的细部色彩分布，还需要画一些场景的色彩素描，和照片放在一起作为色彩资料参考图。当遇到现场建筑物的材质比较特殊的情况时，需要将现场的材料尽可能多地收集起来。这个阶段一般需要几次才能完成。

4. 综合换算、结构分析阶段

这是环境色彩调查的后期阶段，也是最重要的阶段。从现场取得的颜色票经过整理以后，根据色彩采集的类别和调查需要，分别制作成色彩调色盘。再通过色彩调色盘里的色彩数据换算成孟塞尔数值，最后根据所得的孟塞尔数据制成孟塞尔色度图、色差图等。

五、环境调查

环境色彩现场调查作业所必须做的工作，还包括把握该地域的实际感觉，确认背景色。现场是设计构思的起点，要着重收集现场所有预测性的信息，选择准确的调查方法。可供选择的方法有：文献调查、统计；对实际情况有定量把握等。

1. 实际状态调查

将一个对人、地域影响较大的地方设定为调查地点，为了把握该地点的景观形象，要通过以下方法对其进行定量分析。

（1）方位、方向：要记录四个方位随着日照的变化而产生视差、建筑群表面的明暗变化差异。

（2）距离：对于色彩和人的距离，必须考虑到大范围的整合度和小面积的影响度。

（3）视角：视角由对象的大小、视点和对象之间的距离所决定，而视角的变化又决定了所观察景观的类型，比如近距离、仰角30°时所观察到的景观会有压迫感。

（4）图和底：对象和背景之间的关联性即图和底的容量关系。

2. 景观色彩实际情况的调查

观察对象的色彩是由它和背景色的关系来进行评定的。评定的方法受时间、天气、季节等因素的影响。因此，对现场环境色彩的实际调查是不可缺少的。在此过程中，要用到视觉测色。考虑光反射等因素，选定从对实际景观的观察中得到的色彩的最近似值，这一过程就是视觉测色。

3. 背景色的把握

环境色彩设计，是对图和底之间关系的一种调整。没有把握好对象场所（底）色彩的倾向和分布状况，是无法对主对象、设施（图）的色彩进行调和的。测色结果得到的背景色是设计基盘中最重要的基础数据。

4. 背景色的分布图

这是指对所测的色彩分配在色调分布图中进行视觉数据化，把因地域性、季节性等因素而产生的色彩变化，通过色相、明度、纯度等维度来进行数值化管理。背景色在景观中的面积越大，影响力也就越大。这个时候，可以在视点场所拍的照片中，运用网状法把握背景色的出现率，得出集中焦点后的背景色的数据。

5. 景观主色调的把握

景观主色调的色彩，主要指天空、山川、草木的色彩。我们在天空和大地之间建造人工环境，为了调和自然与人工之间的关系，会大量使用石头、土、砂、植物等自然素材。这些均是色彩设计的线索，需要记录这些自然色的孟塞尔值。

六、公共设施调查

公共设施的色彩调查是室内室外景观色彩设计的关键，其具体对象有：办公室、工厂内外、作为大规模设施的桥梁和发电所、构成街道的道路、道路附属物等。对公共设施的特性和色彩的调查是给出设计方案的重要准备工作，必须首先理解设施固有的特性，并对照结构进行调查。公共设施特性包括设施功能、规模，以及与周围景观的主从关系、影响度、空间布置关系等。

1. 从图面来读取设施的特性

进行建筑和环境的色彩设计时，通常先通过图面来提示对象的概要。调查就是从这些资料来得出对象的规模、功能、构成要素、设计点等。充分了解建筑和环境的基础信息、景观材料都是为了更好地理解设计图面，调查需要从平面空间所显示的信息向三维空间展开。

2. 比较调查

如果环境色彩设计是以改造环境为目的，那么就可以通过现场调查来把握对象。如果是新的项目，就必须通过图面来读取该设施的特性。如果该设施规模非常大，就很准确读取其规模和影响度，可以寻找和设计对象有同等规模、功能的既存公共设施进行比较调查。

七、设施场景的印象调查

以接受者的想法为基础，进行数据收集，这一方法是非常有效的，设计者由此可以得到相对更具普遍性和客观性的反馈。

针对现实的问题点和居民的要求，以及居民对环境的意向，尽可能全面地进行调查。特别要考虑到残障人士、老年人等行动不便者使用时遇到的问题。

｜本章小结｜

任何建筑，构成其视觉形态的基本要素是形、色、光影、质感和肌理。通过调研和解析建筑外观设计、景观设计、室内设计等形态要素，可以进一步深化思维，为专业设计奠定基础。

｜思考与练习｜

以街区或城市为对象，分别用两种调研方法进行调研，分别完成一篇论文或报告。

字数：1500-2000 字

要求：思路清晰，论据准确，有自己的看法。

注意：主题不限，表达不限。

｜实训课堂｜

通过对城市或街区的建筑形态和建筑环境色彩的调研分析，组成小组进行讨论，并制作 PPT 在课堂上进行汇报。

篇幅：25-35 页

要求：自行查找资料，PPT 页面美观。

注意：构思新颖，主题不限。

参考文献

REFERENCES

[1] 李丹 . 平面构成 [M]. 沈阳：辽宁美术出版社，2011.

[2] 唐泓 . 构成基础 [M]. 沈阳：辽宁美术出版社，2017.

[3] 洪雯 . 平面构成 [M]. 北京：中国青年出版社，2017.

[4] 张彪 . 色彩构成设计 [M]. 合肥：安徽美术出版社，2002.

[5] 李莉婷 . 色彩构成设计 [M]. 合肥：安徽美术出版社，1999.

[6] 李刚 . 立体构成 [M]. 沈阳：辽宁美术出版社，2009.

[7] 顾馥保 . 建筑形态构成 [M]. 武汉：华中科技大学出版社，2014.

[8] 李刚 . 立体构成 [M]. 沈阳：辽宁美术出版社，2009.

[9] 田学哲 . 建筑初步 [M]. 北京：中国建筑工业出版社，2010.

[10] 刘斯荣 . 形态构成设计 [M]. 武汉：武汉大学出版社，2011.

[11] 小林克弘 . 建筑构成手法 [M]. 北京：中国建筑工业出版社，2004.

[12] 田学哲 . 形态构成解析 [M]. 北京：中国建筑工业出版社，2005.

[13] 蒋纯利 . 色彩构成 [M]. 上海：东方出版中心，2010.

[14] 彭一刚 . 建筑空间组合论 [M]. 北京：中国建筑工业出版社，2008.

[15] 韩林飞 . 形态构成训练 [M]. 北京：中国建筑工业出版社，2015.

[16] 李钰 . 建筑形态构成审美基础 [M]. 北京：中国建筑工业出版社，2014.

[17] 黄朝晖 . 色彩构成与配色应用原理 [M]. 北京：清华大学出版社，2015.

[18] 坂本一 . 建筑构成学：建筑设计方法 [M]. 上海：同济大学出版社，2018.

[19] 戴斐 . 建筑色彩构成教程 [M]. 南京：江苏科技出版社，2015.